暮らしに役立つ

はじめての
ハーブ手帖

すずきちえこ

メディアパル

お酒が
好きな人には

アーティチョーク ⇒ P66

ウコン⇒ P98

風邪に似た
症状が
つらい人には

ユーカリ ⇒ P46

エキナセア ⇒ P52

フェンネル ⇒ P95

リコリス ⇒ P120

リラックス
したい人には

ネロリ ⇒ P22

ベルガモット ⇒ P24

パッションフラワー ⇒ P72

のハーブはこれ!

なかなか
寝付けない
人には

ラベンダー ⇒ P28
ジャーマンカモミール ⇒ P58
バレリアン ⇒ P111

女性特有の
悩みには

ローズ ⇒ P49
フィーバーフュー ⇒ P74
イブニングプリムローズ ⇒ P106
ラズベリーリーフ ⇒ P119

仕事や家事を
がんばりたい
人には

グレープフルーツ ⇒ P33
レモン ⇒ P48
マテ ⇒ P75

写真提供:(株)アロマ田沢湖

CONTENTS

Part 1

そもそもハーブって？

Part 2 　Essential oil

エッセンシャルオイル
で使うハーブ

Part **3** Fresh & Dry

フレッシュやドライ
などで使うハーブ

Part **4** Cooking

料理をおいしくする
ハーブ

Part 5 Additionally

もっと知りたい人の
ハーブ

(巻末コラム)

ハーブを知り、ハーブを使うということ

この本を手に取っていただいたみなさんにとって、ハーブとはどんなイメージがありますか？ 効能がある薬草、というイメージが一般的かもしれませんが、大切なことはそれぞれのことをよく知り、みずから選ぶということです。

効能を知り、好きか苦手か、香りや手触りなど自分の五感も大切に、ぜひいろいろ感じて向き合ってみてください。育てられる方は成長過程も楽しんでいただけたらうれしいです。自然素材だから安心ということではなく、よりご自身に合ったハーブをより安全に選ぶための手引きになれたらと願っています。

すずき ちえこ

本書の見かた

花、果実、葉、茎、根のアイコンです。色がついているものを主に使用します。

学名や安全性などの基本データがわかります。

品種の見分け方や注意点などがわかるワンポイントアドバイスです。

オススメの料理など活用例を紹介します。

Part 1

そもそも
ハーブって？

ハーブの基礎知識

毎日の生活の中で、楽しく正しくハーブを
活用していただけるよう基礎知識についてお話します。

ハーブにはどんなイメージがありますか？「香りがする草」「ちょっとオシャレな料理に使うもの」「お茶でよく飲むもの」「スパイスとは違うの？」といった声が聞こえてきそうです。

定義はいまだにあいまいな部分も多いのですが、『香りを持つ植物』『効能を持つ植物』という意味で活用されるものがハーブと呼ばれます。

ハーブの活用にはさまざまな形があります。たとえば料理の香りづけに使われていたり、彩りで添えられ

ていることもあるでしょう。焼き菓子やジャムなどにもハーブは使われています。

次にハーブティー。海外からの食材が売られる食料品店のほか、最近では専門のショップが人気になるほど、年代を問わず生活の中に取り入れられるようになりました。

さらにはアロマという言葉が今やあたり前になるほどアロマテラピーへの関心が高まり、エッセンシャルオイルが雑貨店で買える時代になりました。

これらのすべてが、それぞれの剤型を活用されたハーブの形です。わたしたちはよい香りというだけでなく、知らず知らずのうちに植物からの恩恵を受け取っているのです。

【 ハーブの主な使用部位 】

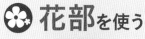 **花部**を使う

開花直前のつぼみから開花して間もないものを選びます。

例：ラベンダー、ネロリ、マロウブルー、
　　ローズ

 **葉部**を使う

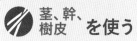

ハーブティーとして一番見る部位です。

例：ミント、マルベリー、ネトル

 **茎、幹、樹皮** を使う

ほとんどがエッセンシャルオイルの抽出用です。

例：サンダルウッド、ヒノキ、ローズウッド

根部を使う

根を洗って乾かし、刻んで使います。

例：ダンデライオン、リコリス、アンジェリカ、
　　エゾウコギ

果実、実、種 を使う

柑橘系や、シードと名前が付いたものはそれぞれの部位を使います。

例：ユズ、ローズヒップ、クランベリー、
　　フェンネル

ハーブの効能

ハーブにはさまざまな効能、効果があります。
代表的なものをいくつか紹介していきます。

ハーブは『緑の薬箱』とも呼ばれます。強い効果ではありませんが、多様に含まれる成分を取り入れることで、健康的な生活を送ることができます。ハーブの穏やかな効き目を生かして体の調子を整えるのが植物療法です。

植物は一度芽吹いたら、そこから場所を移動することができません。夏は暑い日差しを浴び、冬は凍るような寒さを受けます。気候や条件に合わせて身を守り、花を付け、種を作り存続していきます。そのための

手段として、たくさんの植物化学成分を作って生きています。

強い紫外線から身を守るための抗酸化成分や、鳥や虫を誘い受粉を助けてもらうための香りや蜜を花に持ち、大切な葉や芽を虫に食べられないような香りを持ちます。これらを活用することがわたしたちにとっては緑の薬箱となります。

植物が持つ化学成分はじつに多様で、とくに抗酸化作用を持つ成分が注目されています。上手に摂取すれば老化を遅らせ、健康的に活動できる時間を長くすることができます。

なお、ハーブを日常に取り入れる際には、常にアレルギーに気を付けてください。薬事療法をしている人には使用できないハーブもあります。妊娠中の方や乳幼児、お年寄りは、使用の際に十分注意が必要です。

【 ハーブの主な効能・効果 】

鎮静作用

もっともよく知られるハーブの効能です。過剰なストレスを受けたとき、興奮して眠れないとき、どうしてもリラックスできないようなときに気持ちを鎮め、安定と深いリラックスへと導く作用を鎮静作用といいます。

消化促進作用

現代社会のさまざまなストレスで、胃腸の動きが悪くなることが多々あります。薬を飲む前にハーブでケアを。弱った胃や腸を活性化して消化を促し、お腹の張りを改善する働きも期待できます。

抗酸化作用

酸化にあらがう作用を抗酸化作用といいます。老化の原因となる「体のサビ」＝酸化は、寿命を縮めるだけでなく、元気に活動できる期間を短くしてしまいます。老化を遅らせ、健康的な生活を送るために大切な作用です。

免疫賦活作用

人間には、体の中に異物が侵入した際にそれを排除し、元の状態に戻すシステムがあります。これを一般的に免疫力といいますが、体が弱ると低下します。免疫賦活作用とは、免疫力を活性化してくれる作用です。

利尿作用

尿の排泄を促します。体の抵抗力が落ちているときや冷えているときは排尿機能も低下しがちで、感染症などの原因にもなります。また、体内で水分の循環を活性化させることでデトックスが進みます。

美白作用

日焼けした肌の色を早く元に戻したり、日焼けをおこしにくくする作用が美白です。美白作用を持つハーブは、外用で使えるタイプと、ハーブティーなど内用でも効果があるタイプがあります。

ハーブの洗い方・保存方法

ハーブは美容や料理などさまざまな活用ができるため、
鮮度が大切です。ちょとした工夫で鮮度を保つことができます。

収穫してまずやること

収穫したら間をあけず、汚れや
虫を水でよく洗い流します。ディ
ルは香りが飛びやすいのですぐ
使います。バジルは、一度冷蔵
すると葉が黒くなりやすいので、
ジェノベーゼなど色味を活用し
たい場合は、収穫したら軽く水
洗いをしてすぐ使いましょう。

正しい洗い方

ジャーマンカモミールやローズ
などはボールに水を張り、全体
を浸けて数十分置きます。使う
前には水を切ってからも虫が残
っていないか再度確認しましょ
う。ローズなどの花びらは、キッ
チンペーパーなどで丁寧に水気
を拭き取ります。ディルやエル
ダーフラワーは、水に浸ける時
間を短めにします。

保存しておきたいときには

収穫から2〜3日の間であれば冷蔵保管ができます。新聞紙にくるんで野菜室に。ローズや柑橘系の皮は冷凍保存もできます。密封袋の空気を抜いて小分けにするとよいでしょう。また、ドライにできるハーブはドライにして長期保存が可能です。

かざりつけの前にひと工夫

ミントやバジルは水分量が足りなくなるとしおれてきます。ハリを取り戻したい場合は茎の部分を斜めに切り、水を入れたコップなどにさして水を吸わせます。日の当たらない風通しのよい場所に置きましょう。

保存方法の目安

●セージ、スギナ、マルベリー、カレンデュラ、ネトルなど多くのハーブがドライに向いています。枝ごと束にして日の当たらない風通しがよい場所に、さかさまに吊るします。

●ジャーマンカモミール、ラベンダー、マロウブルーの花びら、ダンディライオンやウコンなどの根はザルなどに広げて干すか、フードドライヤーを活用して乾燥させます。

●色や風味がいちじるしく劣化しない期間は、ハーブとして使えます。劣化しても薬草風呂などで活用できます。

ハーブの活用法

同じハーブをさまざまな形で活用できます。
中にはエッセンシャルオイルをとるためにしか活用しないものもあります。

　ハーブに含まれるさまざまな成分は、大きく分けると「水と仲良しな水溶性成分」と「油と仲良しな脂溶性成分」に分けられます。

　もっとも身近な活用法のハーブティーやハーブウォーターなどは、水と仲良しの成分を取り入れる活用法です。

　アロマテラピーでのエッセンシャルオイルの活用は、油と仲良しの成分を取り入れる活用法になります。抗酸化成分の多くは水と仲良し、香り成分の多くは油と仲良しです。

　また、同じハーブでも水に浸けるか油に漬けるかの違いで、抽出できる色素も変わってきます。

　本書では、ハーブの活用法として内用・外用という言葉が出てきます。内用とは、飲む、食べるなどして消化吸収させる活用法です。外用とは、皮膚などに塗布して使う活用法です。同じハーブでも、飲めば内用となり、湿布のように使えば外用となります。

　ハーブを活用するにあたり、効能も大切ですが、それ以上に重要なことがあります。その香りや味が好きかどうか、嫌いなのに無理やり使っていないかどうか、です。

　人間は不思議なことに、その人が必要としているものはおいしく、好きな香りだと感じます。一方で必要のない場合には嫌い、苦手と感じることが多々あります。家族の中でも違いがあります。効能以上に五感を使って好きか嫌いかを感じることも非常に大切です。

【 ハーブの活用法 】

Chamomile　　　Valerian　　　Echinacea

| 水蒸気蒸留法などで抽出する | 生のまま活用する | 乾燥させて活用する | アルコールなどに漬けて活用する |

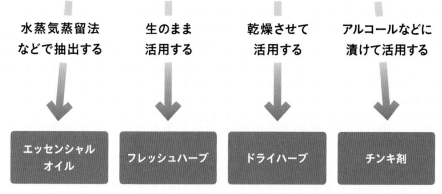

エッセンシャルオイル　フレッシュハーブ　ドライハーブ　チンキ剤

エッセンシャルオイル	採取法にはさまざまな種類があります。家庭用の蒸留器でも、蒸留水とともに精油成分が採れることがあります。直接肌に塗布しないようにしてください。希釈して使用します。
フレッシュハーブ	生の状態で活用するハーブは、料理や人気のハーブウォーター、ハーブティーにも活用できます。
ドライハーブ	市場にもっとも多く種類が流通しているのがドライです。ハーブティーやチンキ剤、オイル抽出やカプセル剤、料理など、多彩な活用法があります。
チンキ剤	チンキ剤はフレッシュハーブやドライを度数の高いアルコールに漬け置くことで作られます。日の当たらない場所で約2週間ほど漬けたら完成。ハーブをこして使います。

ハーブの育て方

**最近では園芸目的も含め、多くのハーブが輸入されるようになりました。
楽しく育てて、おいしく活用できます。ぜひ試してみましょう。**

以前はハーブの種や苗が出回る機会が少なく、日本に生息するハーブ以外は入手が難しいものも多かったのですが、世界的なアロマテラピーの流行や園芸への関心の高まりから入手できるものが増えました。

大きな専門店ではネット通販なども活発化し、どこに住んでいても手軽に入手できるようになっています。

効能を求めるようなハーブは、専門店で学名の管理がされている苗や種を入手するようにしましょう。

苗を鉢やプランターに植え替える場合は、枯れない程度に水を切っておきポットから取り出して植え付けます。植物によっては、根鉢を崩したほうが良いものと根鉢を崩さないほうが良いものがあるので、事前に調べておきましょう。

ハーブは、肥料をあまり必要としません。とくに香りがあるものは、肥料をやることで香りが弱まる傾向にあります。

植え替えをしたら、鉢やコンテナの底から水が流れ出て透明になるまでしっかりと水やりをします。最低でも丸1日は日陰で管理し、いきなり直射日光があたる気温の高い場所に置かないように注意しましょう。

種から育てるハーブ

例
ホーリーバジル、ハイビスカス、ネトル、エキナセア、レモンバームなど

苗から育てるハーブ

例
コリアンダー、ミント、タイム、ローズマリー、山椒、フェンネル、セージ、レモンバーム、ジャーマンカモミール、アーティチョーク、レモングラス、オレガノ、ゼラニウム、エルダーフラワーなど

【 育てる際に必要なもの 】

植木鉢またはプランター

コリアンダーやバジル、ジャーマンカモミールは、とくにコンテナのほうがよく育ちます。

シャベル

土を耕すのに用います。先端が尖っているものを選ぶと、女性でも扱いやすいでしょう。

ジョウロ

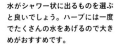

水がシャワー状に出るものを選ぶと良いでしょう。ハーブには一度でたくさんの水をあげるので大きめがおすすめです。

園芸用ハサミ

大きく強く育ったときのために家庭用ではなく園芸用ハサミを選びましょう。切断面がきれいなほうが植物も水を吸いやすくなります。

園芸用手袋

園芸用で厚手の手袋を選べば、ケガや手荒れを防げるだけでなく冬場の冷たい水にも耐えられます。

使い古した箸

植え替える際に、根の間に土をさし込んでいくために使う。こうするとよく育ちやすくなります。

ハーブの代表的な成分

ハーブの効能は、
それぞれに含まれる成分によって決まります。

タンニン

多くのハーブに含まれるタンニンは、渋みを持ちます。収れんと言って引き締める成分です。皮のなめしや食品添加物などに使われています。内用すると整腸効果があります。

苦味質

名前のとおり苦みがあり、タンニンの渋みとは区別されます。苦味は胆汁分泌を促進するなど肝臓の健康にまつわる成分で、5つの味覚（甘味、酸味、塩味、苦味、うま味）の1つでもあります。

粘液質

水と仲良しの成分で、とろみを持ちます。胃や腸の粘膜を保護したり、外用として保湿感を求める美容に活用したりします。マロウブルーやリンデンに含まれています。

ビタミン

植物によってはビタミンを含むものが多くあります。生命維持や美容に役立ちます。ビタミンと一口に言ってもさまざまな種類があり、大別すると水溶性と脂溶性があります。

フラボノイド

ポリフェノールの一種で、鎮静、発汗、殺菌、利尿、代謝の向上などさまざまな作用があります。強い抗酸化作用を持っています。

ミネラル

ミネラルは体内で作りだすことができず、食物から摂取しなければならない成分です。足りないと欠乏症にもなります。ハーブには鉄やカリウムなど、多くのミネラルが含まれています。

クエン酸

酸味を持つ成分で、柑橘系やハイビスカスなどに含まれます。疲労回復を促す成分で、さっぱりとした風味から、ハーブティーのブレンドなどでも好まれます。

アルカロイド

窒素原子を含む有機化合物で、強い薬理作用や毒性を持つ成分です。そのため、医薬品の原料に使われることもあります。アルカロイドを含むハーブは、とくに摂取に注意が必要です。

精油成分

油と仲良しの成分で、たくさんの種類があります。それぞれ効能を持ち、脂溶性でかつ分子量が小さいことから経皮摂取ができるため、アロママッサージなどでも体内で作用します。

Part 2

エッセンシャルオイル
で使うハーブ

Essential oil

Neroli

ネロリ

ビターオレンジの花から抽出されたネロリの
エッセンシャルオイルは心のバランスを取り戻す香りです。

HERB DATA

学名………Citrus aurantium
和名………**オレンジフラワー**
科名………**ミカン科**
使用部位…**花部**
作用適用…**鎮静、抗うつ、不眠、不安、
消化器系の不良／気分の落ち込み、
興奮からの鎮静**
安全性……**刺激は強め**
実用例……**ネロリのロールオンアロマ**

　ネロリのエッセンシャルオイルはビターオレンジの花やつぼみから得られます。主に水蒸気蒸留法で抽出されますが、溶剤抽出法で抽出されたものもあります。
　産地が違うものを嗅ぎ比べてみると、甘さや華やかさなどそれぞれ異なります。

自生するネロリ

ビターオレンジの花またはつぼみをネロリといいます。

17世紀イタリアのネロラ公国公妃アンナ・マリアが皮の手袋の匂いを消すためにエッセンシャルオイルを用いたことから「ネロリ」という名前で広まりました。

エッセンシャルオイルは心のバランスを取り戻す作用を持ち、美容にも役立つことから女性に人気です。気疲れを含む疲労や、心の不安定さが蓄積されたときに解放し落ち着かせてくれます。神経の高揚からくる不眠にも効果が期待でき、鬱や緊張、不安を和らげリラックスさせると同時に、沈み込んだ気持ちを持ち上げるような作用があります。

また、細胞のサイクルを促すので、肌の衰えを回復させる効能があり、美容面でも人気です。エッセンシャルオイルを採取する際に一緒にとれる芳香蒸留水も、大変人気があります。

ドライをハーブティーにすれば、子どもでも飲むことができます。落ち着きを取り戻すハーブティーとして、ヨーロッパではリンデンとよくブレンドされています。

one point

**ネロリのエッセンシャルオイルは
オレンジフラワーから抽出されますが、
果皮を絞るとビターオレンジ、葉や
茎から抽出されるとプチグレンと
名前が変わります。**

Essential oil

オススメ活用法

◆ ネロリのロールオンアロマ ◆

材料：好みの植物油（おすすめはマカダミアナッツオイルやスイートアーモンドオイル）、ロールオン容器(10mL)

作り方：ロールオン容器を消毒用エタノールで消毒しておきます。まず植物油を容器の半分ぐらいまで入れます。ネロリのエッセンシャルオイルを2滴入れます。再度植物油を容器の口近くまで余裕を持って入れ、中栓のロールを閉じたら完成。

Bergamot

ベルガモット

柑橘系のエッセンシャルオイルの中でも人気のあるベルガモット。
紅茶の香り付けとして有名です。

HERB DATA

学名·········Citrus bergamia

科名·········ミカン科

使用部位···果皮

作用適用···**消化機能亢進、緩和、抗菌／**
消化不良、心身の緊張、不眠

安全性······**光毒性、光感作性、刺激は強め**

実用例······**ベルガモットのアロママッサージ**
オイル

ベルガモットは青から黄色い柑橘系の実を圧搾して生産されます。気象条件や育成する土壌環境の影響を受けやすいため、生産の難しいデリケートな柑橘類です。そのため、主な産地のイタリア南端レジオ地方以外ではあまり生産されていません。

自生するベルガモット

ベルガモットは、コロンブスによってスペインに紹介され、そこから現在の産地であるイタリアにもたらされました。北イタリアの小都市ベルガモの名前に由来しているとされています。

ナポレオンの時代、香水の原料の香りとしても人気で、軽やかで嫌味のない香りが好まれ、その人気は今でも続いています。

紅茶のアールグレイの香り付けには、このベルガモットが使われています。柑橘系に多くみられる消化機能への働きかけが特徴で、食欲不振や消化不良を改善します。

また、精神面でのリラックス効果も大きく、不安や落ち込み、不眠に対してやさしく包み込んでいくよう

な安心感をもたらします。

エッセンシャルオイルを活用する際に気を付けなければならないのは、光毒性です。マッサージや昼間に活用したい場合は光毒性を持つベルガプテン成分を取り除いたベルガプテンフリー、またはフロクマリンフリー（FCF）のものを選ぶと良いでしょう。

Essential oil

one point

柑橘系のエッセンシャルオイルは、光毒性を持つものが多いので、外用で使う場合や使う時間帯に注意しましょう。

オススメ活用法

◆ おやすみ前のアロママッサージオイル ◆

材料：ベルガモットのエッセンシャルオイル、もしくは好みの植物油（マカダミアナッツオイル、スイートアーモンドオイル）など、保存容器(100mL)

作り方：保存容器を消毒用エタノールで消毒しておきます。まず口から植物油を容器の半分ぐらいを入れます。ベルガモットのエッセンシャルオイルを20滴入れます。再度、植物油を容器の口近くまで余裕を持って入れ、蓋をして軽く振れば完成。

Mint

ミント

**清涼感のあるすっきりした香りで世界中に愛されるミント。
ペパーミントとスペアミントがその代表です。**

HERB DATA

学名………**Mentha piperita／
Mentha spicata**

和名………**セイヨウハッカ（ペパーミント）／
オランダハッカ（スペアミント）**

科名………**シソ科**

使用部位**…葉部**

作用適用…**ペパーミント…賦活のち鎮静／
過敏性腸症候群、食欲不振
スペアミント…鎮静、鎮痙／
心の落ち着きをもたらす、口腔ケア**

安全性……**胆石患者は使用を避ける（ペパーミント）**

実用例……**ミントのハーブティー**

　ミントは何百種にもおよぶといわれており、園芸においてもたくさんの種類が流通しています。また、異なる品種の株を近くで育てると容易に受粉が成立し、交雑も進んでしまうとされています。効能を重視する場合は、必ず学名表記での確認が必要です。

自生するミント

メディカルハーブにおけるミントは主にペパーミントとスペアミントの2種類が活用されています。エッセンシャルオイルの成分を見ていくとそれぞれ異なる成分から構成されていることがわかり、効能にも違いが出ます。

ドライでの活用が多いのはペパーミントで、ハーブティーのブレンドで使われたり必要に応じて処方されます。「賦活のち鎮静」と言われる効能は、脳の働きを活性化したり、消化機能を促進したりします。落ち込んだ気持ちを元気付け、そのあと安定へと向かわせます。また、胃腸や肝臓、胆のうの働きを活性化させるため、サプリメントも存在しています。

シャキッとしたいときに用いられるのがペパーミントで、運転時などの眠気覚ましや頭痛のケアにも用いられます。精油成分のL-メントールは夏に清涼感をもたらす製品の材料でもあります。

対してスペアミントは、ガムなどの菓子やお茶、口腔ケア製品への香り付けに使われます。歯磨き粉の味で連想するミントの香りは、スペアミントです。

Essential oil

one point

植物園などにおいて
学名で管理されたものを
見比べると葉の形状も
違っていることが
わかります。

オススメ活用法

◆ 過敏性腸症候群対策ペパーミントティー ◆

ストレスが原因で起こる過敏性腸症候群は便秘と下痢をくり返します。対策として、濃いめに出したペパーミントのシングルティーを1日数回に分けて服用します。リラックスをもたらすジャーマンカモミールとのブレンドもおすすめです。ティーにすると比較的清涼感は抑えられるので、ブレンドに適しています。

Lavender

ラベンダー

「ハーブの女王」と呼ばれるラベンダー。
香りの豊かさと一家に1本と言われる利便性が魅力です。

HERB DATA

学名········· Lavendula angustifolia
科名········· シソ科
使用部位··· 花部
作用適用··· 鎮静、鎮痙、抗菌／不安、不眠、
神経系の胃炎
安全性······ 適正な用量・用法を守る
実用例······ ラベンダーのモイストポプリ

　暑さや蒸れに弱いラベンダー
は、水はけがよい土壌を好みま
す。園芸種としてたくさんの品
種が存在し、花をつけると、あ
たり一面に香りが広がります。
収穫したら小さな束を作り、室
内の日が当たらない場所で吊り
下げてドライフラワーに。その
ままクローゼットに入れても◎

ドライフラワー

初夏に青い花を咲かせるラベンダー。北海道の富良野にあるラベンダー畑は、初夏の風物詩として有名な観光地になっています。

アロマテラピーでもっとも知られるエッセンシャルオイルと言っても過言ではなく、リナロールと酢酸リナリルを主成分とします。

心身ともにリラックスへ導く鎮静効果を発揮することが広く知られています。

また、近代アロマテラピーの発展にもっとも大きく寄与した偉大な人物ルネ・モーリス・ガットフォセが、研究中に負った火傷の治療にラベンダーのエッセンシャルオイルを用いたところ効果があったことから、著書『アロマテラピー』を発表しました。

ラベンダーのエッセンシャルオイルは、リラックスを目的にオイルマッサージやバスタイムの活用、就寝前の芳香浴に使われます。

ラベンダーのエッセンシャルオイルには血圧を下げる効果も期待できますが、逆に血圧が低い方は使う際には注意が必要です。

one point

**名前や香りが似ている
ラベンジンは、真正ラベンダーと
スパイクラベンダーから交配された
品種で、真正ラベンダーとは
含まれる成分も異なります。**

Essential oil

オススメ活用法

◆ ラベンダーのモイストポプリ ◆

材料：ラベンダーのドライ、塩、保存瓶

作り方：保存する瓶にラベンダーを入れ、その上に塩を同量入れます。さらにラベンダー、塩と交互に口まで積み重ねていきます。

使い方：2週間熟成させたら一度大きなボールなどに出してよく混ぜ、再度瓶に戻します。使いたいときに適量を取り出して皿などに盛り付けます。

Iran Iran

イランイラン

花びらから抽出されるエッセンシャルオイルが大人気。
濃厚で甘く、南国のリゾートを感じさせる魅惑の香りです。

HERB DATA

学名 ………… Cananga odorata
科名 ………… バンレイシ科
使用部位 … 花部
作用適用 … 抗うつ（高揚）、緩和、
ホルモン分泌調整／
不安、緊張
安全性 …… 妊娠中は避ける、
刺激は強め、
低血圧の人は注意
実用例 …… イランイランの
キャンドル

名前の由来はインドネシア語
で「花の中の花」という意味で
す。本場バリ島やアジアンテイ
ストのスパで流行しています。

バリのリゾートなどをイメージさ
せる濃厚な香りが人気で、香水原料
としても使われています。エッセン
シャルオイルの抽出中、香り成分が
時間とともに変わっていくため、グ
レードの表現を「エクストラ」「1st.」
などと区別しています。

心の落ち込みや不安を解き放ち、
多幸感や自信を与えます。エキゾチ
ックではっきりした香りなので、好
き嫌いは分かれます。

オススメ活用法

◆キャンドルの香り付けに◆

南国やリゾートイメージでリラックスし
たいときの手軽な方法は、キャンドルを
灯して、溶けたロウに1滴たらします。芯
にふりかけないよう注意を。

Orange
オレンジ

子どもから女性、高齢者にも使われるスイートオレンジの
エッセンシャルオイル。心身の緊張を解きほぐします。

HERB DATA

学名	Citrus vulgaris・Citrus aurantium
科名	ミカン科
使用部位	果皮
作用適用	鎮静、緩和、消化機能亢進／消化不良、心身の緊張、冷え症
安全性	妊娠初期は避けること、光毒性（日中の使用に注意）、刺激が強め
実用例	オレンジ精油の足湯

オレンジの果皮は「スイートオレンジ」や「ビターオレンジ」、花は「ネロリ」、葉や茎は「プチグレン」と区別されます。

　「太陽の果実」のイメージどおり、あたたかみと親しみやすさを持ったオレンジは手ごろな価格で入手できることもあり人気のエッセンシャルオイルです。とくに小児への鎮静効果は高く好まれます。不眠症や抑うつ症状、冷え性などで寝付けないときには芳香浴を。

　認知症対策として、オレンジは夜にアロマなどで活用するのがおすすめです。

オススメ活用法

◆ エッセンシャルオイルで足湯 ◆

　1日の疲れを取りたいとき、立ち仕事の後や風邪で寒気がするとき、生理中にもオレンジのエッセンシャルオイル足湯で体を温めます。一緒に香りも楽しんで。

Clarisage

クラリセージ

ホルモン分泌を調整する働きがある「女性の救世主」。
心身の緊張や痛みの緩和に活用されます。

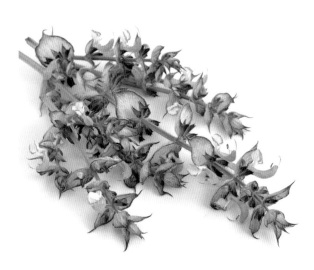

HERB DATA

学名 ········· Salvia sclarea
和名 ········· オニサルビア
科名 ········· シソ科
使用部位 ··· 花部、葉部
作用適用 ··· 鎮静、鎮痙、緩和、ホルモン分泌調整／月経痛、月経前症候群、更年期障害
安全性 ······ 妊娠中は避ける、運転前や飲酒時は避ける、刺激は強め
実用例 ······ クラリセージの芳香浴

地中海沿岸の植物で、青いイメージのある甘さとさわやかさを持った香りです。

抑うつなどの強い緊張状態の緩和に役立ちます。女性ホルモンの分泌を調整するので、生理痛や月経前症候群、更年期障害対策に。興奮や孤独感を鎮め、落ち着きを取り戻したいときに寄り添ってくれます。

香りに陶酔効果があることから、飲酒時に使用すると悪酔いしやすくなります。また、緊張感を緩める作用の強さから、運転前の使用は避けたほうがいいでしょう。

オススメ活用法

◆お風呂で芳香浴を◆

刺激が強めなので、湯船に直接入れず、洗面器に張ったお湯に滴下してバスタイム中に芳香浴を。体を温めながら気持ちと体をゆるめましょう。

Grapefruit
グレープフルーツ

**グレープフルーツの大きな魅力は、脂肪燃焼効果があること。
ダイエットにお役立ちです。**

HERB DATA

学名·········· Citrus paradisi
科名·········· ミカン科
使用部位··· 果皮
作用適用··· 消化機能亢進、活力増強／消化不良、精神疲労、むくみ
安全性······ 光毒性（日中の使用に注意）、刺激が強め
実用例······ グレープフルーツのスプレー

グレープフルーツのエッセンシャルオイルは価格がお手ごろ。脂肪燃焼と同時に筋肉痛の緩和にも。

柑橘系のエッセンシャルオイルに共通しますが、心身の疲れやマイナスの感情を取り去り、やさしく包み込んでくれる作用があります。中でもグレープフルーツは元気を取り戻すのに最適。肝臓や胆のうの働きを強化し、リンパ系を刺激して体液の循環を促進します。

ダイエットやスポーツ、デトックスにも取り入れたいエッセンシャルオイルです。

オススメ活用法

◆グレープフルーツスプレー◆

グレープフルーツのエッセンシャルオイルでスプレーを作るときは1％濃度になるようエタノールと水で希釈します。マッサージオイルと併用も。

Kuromoji

クロモジ

古くから親しまれ、高級菓子の爪楊枝や木工細工に使われています。
エッセンシャルオイルは高価でも大変な人気です。

HERB DATA

学名	Lindera umbellata
和名	別名カラスギ
科名	クスノキ科
使用部位	枝部、葉部
作用適用	抗酸化、抗炎症、抗菌、抗アレルギー、鎮静／緊張、冷え、リウマチ、関節炎、胃腸不調
安全性	適正な用量・用法を守る
実用例	クロモジの化粧水

クロモジは人里近い林の中などで見つけることができます。

香水や石鹸の香り付けとして用いられるクロモジは、近年、エッセンシャルオイルが大変な人気となっています。

香りの効能が希少なローズウッドとよく似ており、土と森の甘い香りを感じられます。リラックスに導きながら体を温めてくれます。

エッセンシャルオイルを生産する際に出る副産物の芳香蒸留水も人気です。

オススメ活用法

◆芳香蒸留水を化粧水に◆

価格的に入手しやすい芳香蒸留水が人気です。香りもまろやかですので、化粧水として用いてみてください。

Cypress
サイプレス

・・・・・・・・・・・・・・・・

神聖な香りを持ち、古代エジプトでは棺に用いられました。
気分を引き締める作用があります。

HERB DATA

学名	Cupressus sempervirens
和名	イトスギ
科名	ヒノキ科
使用部位	葉部、球果
作用適用	鎮静、鎮痙、解熱、収れん、デオドラント／むくみ、デトックス、ダイエット、消臭、汗止め
安全性	妊娠中は避ける
実用例	サイプレスの石鹸

　ヒノキに似た葉を持ち、実をつけます。エッセンシャルオイルを抽出するときは葉も実も蒸留します。

Essential oil

　フレッシュな香りには、心身を引き締める作用があります。ふさいだ気持ちや滞っていた体液などを流して浄化する力を持ちます。

　スリミングにはジュニパーとブレンドしたオイルマッサージがとくにおすすめです。

　また、柑橘系の香りと合わせて心のリラックスを保ち、新しいことに向かう気持ちと体づくりのための香りブレンドもおすすめです。

オススメ活用法

◆サイプレスの石鹸◆

手作り石鹸の香り付けに。サイプレスのみでも森のような良い香りですが、ジャスミンとの組み合わせもおすすめ。

Sandalwood

サンダルウッド

「白檀」の名で知る人も多く、
香水のベースとしても男女問わず人気な香り。

HERB DATA

学名	Santalum album
和名	白檀
科名	ビャクダン科
使用部位	木部(幹)
作用適用	鎮静、利尿、抗菌／興奮、不安、むくみ
安全性	適正な用量・用法を守る
実用例	芳香浴やスプレー

インド原産のサンダルウッドは伐採により流通量が減った時期もありましたが、現在は徐々に回復してきています。

白檀といえば線香やお香の香りとイメージされるように、宗教儀式や瞑想で使われるハーブです。木の幹が香るので、彫り物や建材利用もされてきました。

エッセンシャルオイルは非常に高価で、ほかにはない香りで愛されていますが、インド原産のものが伐採で減ったため、オーストラリア産のサンダルウッド（学名と香りが異なる）も流通しています。

オススメ活用法

◆瞑想や美の香りに◆

ディフューザーなどで芳香浴に用いたりエタノールで希釈してリフレッシュスプレーを。柑橘系やネロリと組み合わせてリラックスや美容への活用も。

Citronella
シトロネラ

**アロマで作る虫除けのブレンドの代表格。
アウトドアでも活躍します。**

HERB DATA

学名 ……… Cymbopogon nardus
科名 ……… イネ科
使用部位 … 葉部
作用適用 … 防虫、強壮、抗菌／
　　　　　虫除け、集中力低下
安全性 …… 刺激は強め
実用例 …… シトロネラの
　　　　　虫除けスプレー

イネ科の植物で葉を水蒸気蒸
留し、エッセンシャルオイルを
採取します。

　近年、アロマテラピー人気や天然素材人気もあり、よく目にするようになりました。

　レモンに似た柑橘系の香りを虫が嫌がるので、たくさんの虫除け製品に使われています。

　また気分を上げてくれる働きもあり、集中力の低下を感じたときにも用いられます。比較的手ごろな値段で入手でき、親しみやすい香りですが、刺激は強めです。

オススメ活用法

◆ 虫除けスプレー ◆

　100mLのガラスやアルミのスプレー容器に10mLの無水エタノールを入れ、シトロネラを20滴入れます。水を口まで入れたら完成。

37

Jasmine

ジャスミン

ジャスミンのエッセンシャルオイルはクレオパトラが愛したとされ、
世界各地で愛と官能の象徴とされました。

HERB DATA

学名	Jasminum grandiflorum Jasminum officinalis
和名	ソケイ
科名	モクセイ科
使用部位	花部
作用適用	高揚、ホルモン分泌調整／緊張、抑うつ、落ち込み
安全性	妊娠中は避ける、刺激は強め
実用例	イランイランとジャスミンのスプレー

　園芸種でもたくさんの種類が親しまれているジャスミンの花は、夜に香りが強くなります。

　中国やインドを原産とするジャスミンは、1kgの精油を得るためには1トンの花弁が必要なほど非常に貴重です。他にない濃厚な香りが特徴で、香料として古くから重宝されてきました。夜に強く香るため、深い陶酔感をもたらし恋や愛の世界に誘います。ジャスミンティーの香り付けには花が使われています。「ジャスミン・サンバック」とは産地や学名で区別されます。

オススメ活用法

◆ ジャスミンとイランイランのスプレー ◆

　イランイランとジャスミンの香りを合わせると、オリエンタルな雰囲気を手軽に。どちらも強い香りなので1%より薄く作ると良いでしょう。

Essential oil
14

Juniper
ジュニパー

・・・・・・・・・・・・・・

お酒のジンの香り付けに使われているジュニパーの果実。
抗菌や浄化の作用を持ち「森の利尿薬」と呼ばれています。

HERB DATA

学名 ………… Juniperus communis
科名 ………… ヒノキ科
使用部位 … 液果
作用適用 … 抗菌、鎮痛、利尿／む
くみ、リウマチ、関節炎、
痛風、ダイエット
安全性 ……… 妊娠中は避ける、刺
激が強め、肝臓疾患・
急性腎炎の人は避け
ること
実用例 …… ジュニパーのスプレー

鋭く尖った葉にたくさんの実
を付けます。ジュニパーベリー
はスパイスとしても流通してい
ます。

Essential oil

香りが特徴のジュニパーは、酢や
アルコールに漬けて使うことができ、
利尿と解毒効果が期待できます。ま
た、また、ピクルスとして料理の彩
りにも使えます。

エッセンシャルオイルは抗菌力が
あり、リウマチや痛風、関節炎や筋
肉痛の緩和にも用いられます。森林
浴効果も得られ、空間の浄化も担っ
てくれる、力強い植物です。

オススメ活用法

◆ 浄化のスプレー ◆

なかなか改善に向かわない体の痛みや
心の重さを感じたら、ジュニパー精油を1
％濃度に希釈したスプレーでリフレッシュ
と浄化を。

Geranium
ゼラニウム

ローズゼラニウムの別名を持ち、ローズに似た華やかで
甘くやさしい香りが特徴。園芸でも親しまれます。

HERB DATA

学名········Pelargonium graveolens
和名········ローズゼラニウム
科名········フウロソウ科
使用部位··葉部
作用適用··緩和、調整／心身の緊張やバランスの不調、ホルモンバランスの乱れ
安全性······妊娠中は避ける、刺激は強め
実用例······ローズに似た香りを作る

　ゼラニウムはピンクの花をつけ、植物全体から華やかな香りがします。エッセンシャルオイルは花ではなく葉を蒸留します。

　産地によってエッセンシャルオイルの名前が変わります。最高品質のレュニオン島で作られたものは「ゼラニウム・ブルボン」、エジプト産は「ゼラニウム・エジプト」と呼ばれます。

　香料原料と美容分野でよく使われています。ホルモン分泌、皮脂分泌、心のバランスを整え、落ち込んだ気分の高揚を、緊張には落ち着きを与えてくれます。また、虫除けにも使われます。

オススメ活用法

◆ローズに似た香りを作る◆

　高価なローズのエッセンシャルオイルの代用品として使えます。ゼラニウムとローズウッドを合わせるとローズに似た香りに。

Tea tree
ティートゥリー

オーストラリアのアボリジニが傷の治療で使うティートゥリー。
強い抗菌作用があります。

HERB DATA

学名………Melaleuca alternifolia
科名………フトモモ科
使用部位…葉部
作用適用…抗菌、抗真菌、抗ウイルス、消炎、鎮痛／菌などからの感染症、風邪
安全性……まれに接触性皮膚炎を起こす可能性あり
実用例……ティートゥリーのシャンプーや液体ソープ

オーストラリアに自生している植物で、日本ではエッセンシャルオイルとして用います。園芸の植栽でも身近に見られます。

Essential oil

ティートゥリーは抗菌力が非常に強く、ウイルス性の風邪対策だけでなく感染症にも有効とされます。大腸菌、黄色ブドウ球菌、などの治療で使われています。

また、ニキビの原因となるアクネ菌にも有効で、スキンケアやヘアケアに使われます。風邪やインフルエンザの時期に、洗面器にエッセンシャルオイルを数滴落として蒸気吸入する方法で、手軽に予防できます。

オススメ活用法

◆ シャンプーや液体ソープに1滴 ◆

強い抗菌性でバスタイムに取り入れたいティートゥリー。使っているヘアケア製品や液体ソープに1滴入れて、清潔にさっぱりと。

Patchouli

パチュリ

甘さの中に土の匂いが感じられる、スモーキーな香り。
薬用としてニキビやヘルペスでも使われます。

HERB DATA

学名········· Pogostemon cablin
和名········· **藿香(カッコウ)**
科名········· シソ科
使用部位 ··· 葉部
作用適用··· 抗菌、抗真菌、抗炎
症、防虫／ニキビや肌
荒れ、ヘルペス、気力
を消費する疲れ
安全性······ 刺激は強め、
実用例······ **パチュリの
オイルブレンド**

19世紀ごろのインドでは、乾
燥させたパチュリの葉を用いて
衣服の香り付けに使われました。

パチュリはインドネシアのスマト
ラ島で栽培されています。日本でも
「藿香(かっこう)」の名で沈香(じんこう)や白檀と並び、
お香で親しまれています。

土のようなスモーキーさを連想す
る香りで、ブレンドのベースとして
人気です。あたたかみのある香りで
心の疲れを癒し、気持ちを大地に根
付かせて落ち着きを取り戻します。
抗菌作用によりニキビやヘルペスに
も効果があります。

オススメ活用法

◆ 気疲れを癒す香りブレンド ◆

パチュリは単体よりもブレンドすること
でより深みが出ます。ラベンダーやネロ
リ、イランイランやジンガーなどと合わ
せて深い呼吸でリラックスを。

Hinoki
ヒノキ

日本では古くから木材として用いられてきたヒノキ。
葉に特徴があり、樹高も高くなります。抗菌作用があります。

HERB DATA

学名……… Chamaecyparis obtusa
科名……… ヒノキ科
使用部位… 木部、枝部、葉部
作用適用… 抗菌、鎮静、緩和／
　　　　　 緊張、集中力低下
安全性…… 妊娠中は避ける、
　　　　　 刺激は強め
実用例…… ヒノキの
　　　　　 ディフューザー

木材は硬く抗菌性に優れてい
て歴史的な寺院や神社、高級建
材や家具などに古くから使われ
ています。

Essential oil

　ヒノキを用いた建物は耐久性にす
ぐれています。これは材質的な硬さ
とすぐれた抗菌性を持つためです。
　エッセンシャルオイルは森林浴を
イメージする香りでリラックスや気
分転換に人気があります。
　また、風邪予防にも用いられます
が、刺激が強いので主に芳香浴がお
すすめです。使用する量を加減すれ
ば、バスソルトなども楽しめるでし
ょう。

オススメ活用法

◆ ディフューザー森林浴を ◆

　ヒノキのエッセンシャルオイルは神聖
なイメージもあり、男女問わず人気があ
ります。リフレッシュとリラックスに加湿
器併用のディフューザーで取り入れて。

Frankincense

フランキンセンス

古来、神聖な儀式や瞑想で使われてきたフランキンセンス。
キャンドルの火に灯されて炊かれると、悪霊を払うとの言い伝えも。

HERB DATA

学名………Boswellia carterii
和名………乳香、オリバナム
科名………カンラン科
使用部位…樹脂
作用適用…鎮静、収れん、呼吸器
系機能調整／緊張、
頭痛、生理痛、気管
支炎
安全性……妊娠初期は避ける
実用例……フランキンセンスの
樹脂を焚く

南アラビアやソマリアなどで
生息する木から染み出す樹脂。

キリストが誕生した際、東方の三
賢者がミルラと黄金とともにフラン
キンセンスを贈ったとされる話で知
られます。古代エジプトでも使われ
ていました。

重厚感と品格を備えた神聖な香り
は呼吸器系の調整にすぐれるとされ
ます。浅くて早い呼吸を、深くゆっ
くりとしたリズムに導きます。美容
面ではシワ対策に用いられ、女性に
人気です。

オススメ活用法

◆ フランキンセンスの樹脂を焚く ◆

お香などで使う香炭を使い、キャンド
ルやランプで下から炙り樹脂に熱を加え
ます。耐熱性の容器にアルミホイルでカ
バーを。

Marjoram
マジョラム

スパイシーであたたかみを感じる香りで
体を温めて鎮静効果をもたらすエッセンシャルオイルです。

HERB DATA

学名 ……… Origanum majorana
科名 ……… シソ科
使用部位 … 葉部
作用適用 … 鎮痛、消炎、抗菌／
　　　　　 肩こり、腰痛、筋肉痛、
　　　　　 生理痛
安全性 …… 適正な用量・用法を
　　　　　 守る
実用例 …… マジョラムの
　　　　　 マッサージオイル

　葉の形がオレガノに似ている
マジョラムは、食材としても使
われています。

Essential oil

　古代ギリシアの時代から「幸せを
呼ぶ」ハーブと呼ばれ、薬草として
使われてきたマジョラム。心と体の
こわばりをほぐし、温かく包み込む
働きが期待できます。

　ストレスや不安、悲しみ、欲への
執着などで乱れた心のバランスを整
え、安定に導きます。

　肩こりや便秘、頭痛、腰痛などに
はマジョラムを使ったマッサージオ
イルでケアを。

オススメ活用法

◆寝る前のマッサージに◆

　お気に入りの植物油を用意し、1％濃
度でマジョラムの精油を希釈します。香
りをブレンドしても。お風呂あがりにゆっ
たり呼吸しながらマッサージでケアを。

eucalyptus
ユーカリ

のどの痛み、痰がからむ咳にはユーカリ・グロブルス。
虫除け対策にはユーカリ・シトリオドラを選びましょう。

HERB DATA

学名	Eucalyptus globulus／Eucalyptus citriodora
和名	Eucalyptus citriodor **レモンユーカリ**
科名	**フトモモ科**
使用部位	**葉部**
作用適用	**去痰、抗菌／風邪、気管支炎、花粉症、頭痛**
安全性	**過剰投与するとむかつきや吐き気の可能性がある。2歳以下には刺激が強いため、精油の使用は控える**
実用例	**レモンユーカリの虫除け**

園芸種で愛嬌のある緑の葉を
持ち実をつけるものが人気です。

コアラの主食として知られるユーカリには700種も種類があるとされています。オーストラリアやタスマニアに育成する高木で、アボリジニが傷や病気の治療で用いてきた歴史があります。

風邪の症状の緩和にはグロブルスが使えます。痰を切ることで咳を鎮め、気管支炎だけでなく花粉症対策にも有効。虫除けスプレーなどに使われるのはシトリオドラです。

オススメ活用法

◆レモンユーカリの虫除け◆

虫刺され対策に、ユーカリシトリオドラ精油をエタノールで希釈して水を足しアロマスプレーやアロマジェルの活用がおススメ。シトロネラなどとブレンドして。

Yuzu

ユズ

冬の風物詩とも言えるユズは体を温め血行を促進します。
種はアルコールで保存し、化粧水に利用できます。

HERB DATA

学名………Citrus junos
和名………柚子
科名………ミカン科
使用部位…果皮（精油）、種子
作用適用…血行促進、発汗、健胃、血圧降下、抗アレルギー／疲労回復、神経痛、冷え性、風邪、高血圧、食欲不振
安全性……光毒性の可能性あり、刺激が強め
実用例……ユズの種のチンキ

　耐寒性に優れた品種のため、料理の香り付けや冬のゆず湯など日本全国で親しまれ、活用されています。

　柑橘系の中では比較的高価なユズのエッセンシャルオイルですが、圧搾法によるものと水蒸気蒸留によるものの2種類があります。生の実から採れる種は、ホワイトリカーやウォッカなどに漬けるととろみのあるチンキ剤になり、化粧水にも利用できます。血行促進作用もあり、ひびやあかぎれにも。

　刺激が強めなので扱いには気を付けましょう。

オススメ活用法

◆ 柚子の種のチンキ ◆

　柚子の実から種を取り出したら、ホワイトリカーやウォッカに漬けます。洗わずに漬けたほうがとろみが出やすくなります。保湿感ある化粧水利用に。

Lemon
レモン

オレンジと並び、香りに人気のあるレモンのエッセンシャルオイル。
鎮静作用のオレンジに対しレモンは気を高める作用があります。

HERB DATA

学名………Citrus limon
科名………ミカン科
使用部位…果皮
作用適用…中枢神経系（脳）機能亢進、免疫賦活／認知症対策、集中力低下、食欲不振
安全性……光毒性、刺激が強め
実用例……レモンのスプレー

生活の中で香り付けや酸味として、お菓子や調味料、飲料などで人気です。

レモンのエッセンシャルオイルは果皮を圧搾して採られます。手ごろな価格で入手できます。

年代や性別を問わず人気の香りで、とくに午前中の利用が効果的です。心身を元気に向かわせ、脳や免疫力を活性化しながら気分を高めてくれます。

認知症対策のエッセンシャルオイルとして、ローズマリーとセットで午前中に活用するのがおすすめです。

オススメ活用法

◆朝目覚めの芳香浴を◆

目が覚めたら心身ともにリフレッシュ、ディフューザーやスプレーで芳香浴を。また、集中力が必要なときや計算や勉強のお供にもぜひ。

Rose

ローズ

**「香りと美の象徴」という名にふさわしい効能を持ち、
女性のライフスタイルに欠かせないハーブです。**

HERB DATA

学名	Rosa gallica/ Rosa damascena
和名	バラ
科名	バラ科
使用部位	花部
作用適用	鎮静、緩和、収れん／神経過敏、不安、抑うつ、便秘、下痢、美容
安全性	適正な用量・用法を守る
実用例	ローズの蒸留水

　ローズのドライはレッドとピンクが流通しています。ピンクは香り成分が多く含まれています。華やかなハーブティーやポプリに。

　ローズは香りと美のハーブと呼ばれ、女性にとって魅力的な効能を持ちます。エッセンシャルオイルはローズオットーとローズアブソリュートがあります。エッセンシャルオイルは非常に高価です。ホルモン分泌を促進し、更年期障害や生理痛、生理前症候群をやわらげます。抑うつ効果でも知られますが、若干の強壮作用も働くので、眠れないときはローズを避けてラベンダーにしましょう。

オススメ活用法

◆ ローズの蒸留水 ◆

　ローズウォーターの名で販売されているローズの蒸留水は、比較的簡単に作ることもできます。家庭用の蒸留器を使うか、鍋蒸留で。

Rosewood

ローズウッド

アロマテラピーブームの中でも常に人気の高いローズウッドは
リラックスと心の支えを司るエッセンシャルオイルです。

HERB DATA

学名········ Aniba rosaeodora
和名········ ボアドローズ（仏）
科名········ クスノキ科
使用部位···幹、樹皮
作用適用···鎮静、抗菌、強心／
　　　　　ストレス、精神疲労
安全性······適正な用量・用法を
　　　　　守る
実用例······ローズウッドの軟膏

　原産地であるブラジルのアマ
ゾンに成育しているローズウッ
ドは、絶滅危惧種として、伐採
や商取引が禁止されています。

　ウッディーな香りの中にローズの
ような甘さを持つローズウッドは主
にエッセンシャルオイルとして活用
されます。

　硬く締まりのよい木材として家具
や楽器にも使われますが、乱獲によ
って絶滅危惧種に指定されています。

　アロマテラピーで好まれ、貴重な
素材となっています。深呼吸をした
くなる香りで、ストレス社会に寄り
添う存在といえます。

オススメ活用法

◆ローズウッドの軟膏◆

材料：エッセンシャルオイル、植物油、
蜜蝋、保存容器
作り方：容器の容量に合わせて精油は1％
濃度に植物油で希釈し、蜜蝋で固めます。

Part 3

フレッシュやドライ
などで使うハーブ

Fresh & Dry

Echinacea

エキナセア

世界中で使われるメディカルハーブ。
免疫力を上げたいときにおすすめです。

HERB DATA

学名········ Echinacea angustifolia,
　　　　　 Echinacea pallida,
　　　　　 Echinacea purpurea
和名········ ムラサキバレンギク
科名········ キク科
使用部位··· 地上部、根部
作用適用··· 創傷治癒／風邪やインフルエンザ、
　　　　　 膀胱炎、カンジダ
安全性······ 自己免疫疾患のある人は使用不可
実用例······ エキナセナのハーブティー

初夏から秋にかけて咲き続けるエキナセアは、園芸では黄色、白色、緑色、オレンジ色など色数も豊富で楽しめますが、メディカルハーブとして使われるエキナセアは濃いピンクの花を咲かせます。

自生するエキナセア

エキナセアは北米の先住民がもっとも大切にしたといわれるハーブで、伝染病や風邪対策に用いられていました。

19世紀末にはヨーロッパで栽培が始まり、またアメリカでも医師が積極的に用いるなど、世界中に広まりました。

比較的丈夫で育てやすく、園芸でも人気が出てきています。現在は臨床実験によって、風邪のひきはじめやインフルエンザの初期にも活用され、予防効果も期待できます。体調が悪くなる前にブレンドしておいたものを常備するのがおすすめです。ハーブティーブレンドで風邪が流行する時期に飲むのがよいでしょう。

日本ではドライのハーブティー活用が一般的ですが、カプセル剤やチンキ剤なども販売されています。

あらかじめブレンドしたハーブティーをストックしたり、ウォッカなどに漬けてチンキ剤を常備しておくと便利です。

また、チンキ剤を薄めて湿布の要領で塗布するなど、治りにくい傷を治すサポートをします。

one point

**膀胱炎や
尿道炎などの尿路感染症、
疲れからくり返し発症しやすい
カンジダやヘルペスなどにも
有効とされます。**

Fresh & Dry

オススメ活用法

◆ハーブティーでインフルエンザ、風邪予防◆

エキナセアをメインに、体調を整えるハーブティーをブレンドしましょう。

体を温める作用のあるエルダーフラワー、不足しがちになるビタミンCの補給にローズヒップ、体の不調のストレスをリラックスに導くジャーマンカモミールなどがおすすめです。

Elder flower

エルダーフラワー

・・・・・・・・・・・・・・・

体温を上げ、アレルギー反応を鎮めるエルダーフラワー。
伝統的なシロップ（コーディアル）を活用した飲み物が人気です。

HERB DATA

学名……… Sambucus nigra
和名……… **セイヨウニワトコ**
科名……… **レンプクソウ科**
使用部位… **花部**
作用適用… **発汗、利尿、アレルギー／風邪やインフルエンザの予防と対策、花粉症**
安全性…… **適正な用量・用法を守る**
実用例…… **エルダーフラワーのコーディアル**

日本では海外で加工されたエルダーフラワーコーディアルが外資系の大手販売店で購入できます。
　近年、苗から育てる人も増えており、生のエルダーフラワーはコーディアルやお菓子作りで活用されています。

**自生する
エルダーフラワー**

ヨーロッパやアメリカ先住民の伝統医学に用いられてきました。人気映画の『ハリー・ポッター』では、主人公ハリーの杖（ニワトコの杖）として登場します。

日本でのエルダーフラワーは、5月ごろに小さなクリーム色の花をたくさんつけます。

植物療法では発汗や利尿作用に優れることから、風邪やインフルエンザの予防に用いられています。免疫力を強化するエキナセアやリンデンとブレンドされます。

気管支の炎症や花粉症によるくしゃみや鼻水を鎮める効能も持ちます。花粉症対策のハーブティーとして、ネトルとのコンビでブレンドがおすすめです。

また、禁忌が少なく安心して活用できるため、ハーブティーのベースとしても使いやすいでしょう。

さらに、シロップ剤としても活用できます、濃く入れたエルダーフラワーの煎剤（有効成分を煮出して抽出したもの）に多量の砂糖を入れ、とろみが出るまで煮詰めましょう。炭酸や水で割って飲むのがおすすめです。

one point

マスカットのような
飲みやすい香りなので、
ブレンドの幅も広がります。

Fresh & Dry

オススメ活用法

◆ エルダーフラワーのコーディアル作り ◆

材料 エルダーフラワー（生の花）約100ｇ、白砂糖2.5kg、レモン無農薬3個、水、1.5L

作り方：エルダーフラワーはよく洗い、ゴミや虫を落としなるべく枝を除きます。レモンは皮をピーラーで剥き、輪切りに。水に砂糖を入れ火にかけ、溶けたら40度〜60度ぐらいに冷まし、保存瓶にエルダーフラワーとレモンを一緒に入れます。ときどき瓶を振り3日〜1週間後、風味が出たら濾してできあがり。

Calendula
カレンデュラ

傷を治すオレンジの花、カレンデュラ。
緑の薬箱の代表として常備しておきたいハーブです。

HERB DATA

学名········· Calendula officinalis
和名········· **マリーゴールド、トウキンセンカ(和名)**
科名········· **キク科**
使用部位··· **花部**
作用適用··· **皮膚や粘膜の修復、抗菌、抗真菌、
抗ウイルス、消炎／創傷、皮膚炎、
口腔の炎症、結膜炎、目の洗浄**
安全性······ **適正な用量・用法を守る**
実用例······ **カレンデュラのオイル**

　園芸品種としてはマリーゴールドと呼ばれます。ハーブとしての効能を求め育てる場合は、学名で管理されたものを選びましょう。より新鮮なもののほうが色素が濃く出るので、収穫し乾かした後は光の当たらない場所で湿気を避けて保管します。

**自生する
カレンデュラ**

外用として昔から外傷や火傷の治療で使われ、内用として胃潰瘍や胆のう炎の治癒促進、のどの炎症や目の洗浄など、さまざまな場面で活用されてきました。

春先から5月ごろ、オレンジ色の花をたくさん咲かせます。このオレンジ色の花弁には、カロテノイドという脂溶性の色素を多く含み、また抗酸化を司るフラボノイド成分も多く含みます。

ドライハーブで入手ができるので、ハーブティーや色を活かしたお菓子の飾りつけに利用したり、チンキ剤や、オイルに成分を抽出したカレンデュラオイルとして活用することができます。

カレンデュラオイルで作った蜜蝋の軟膏は「万能軟膏」と言われ、傷の治療や全身の皮膚ケアはもちろん、冬の肌荒れ時期のリップクリームやひび、あかぎれのハンドクリームに、洗い物の多い女性の主婦湿疹にも気軽に用いることができます。

さらにカレンデュラに含まれる多糖類には免疫調整力があり、他の成分との相互作用によって創傷治癒がより促進されます。

one point

**抗菌作用や抗真菌作用もあり、
白癬菌やヘルペスに、
カンジダや結膜炎治療の
サポートも期待できます。**

Fresh & Dry

オススメ活用法

◆カレンデュラオイルの作り方◆

材料：カレンデュラのドライハーブまたは、植物油…おすすめはマカダミアナッツオイル、保存瓶

作り方：保存瓶を洗って乾かします。ミルで砕いたカレンデュラを作りたいオイルの分量まで瓶に詰めます。カレンデュラが上から顔を出さないぐらいのオイルを入れたら、日陰に置きます、1～2カ月ほどで完成します。できあがったオイルで蜜蝋軟膏作りもおすすめです。

German chamomile

ジャーマンカモミール

世界でもっとも親しまれるハーブ。
心と体に優しい効能がたくさんあります。

HERB DATA

学名········Matricaria chamomilla／
　　　　　Matricaria recutita
和名········**カミツレ**
科名········**キク科**
使用部位····**花部**
作用適用···**鎮静、消炎、鎮痙、駆風／胃炎、
　　　　　胃潰瘍、生理痛、頭痛、
　　　　　緊張性の軽度の不眠**
安全性······**適正な用量・用法を守る**
実用例······**ジャーマンカモミールのハチミツ漬け**

近年、マトリカリアの名前で
花屋さんでも目にする機会が増
えました。ただし、観賞用のも
のはアブラムシや害虫が付きや
すい植物なので農薬をたくさん
使っている可能性があります。
切り花のハーブティーやコスメ
利用は念のため控えましょう。

**自生するジャーマン
カモミール**

イギリスの童話『ピーターラビット』で、興奮して寝付けないピーターにお母さんがカミツレ草のお茶を入れて飲ませるシーンが描かれます。このカミツレ草がジャーマンカモミールです。

青りんごのような香りはリラックス効果をもたらし、小さな子どもにも比較的安全なことから、使い勝手のよいハーブです。飲みやすいこともあり、ハーブティーによくブレンドされ、世界中で愛されています。

アレルギーの緩和やストレス性の痛みや不安を鎮めてくれます。体をやさしく温める作用もあり、生理痛や頭痛、胃痛、冷え性などの婦人領域の処方にも役立ちます。

エッセンシャルオイルはきれいな

ブルーです。この青さに消炎作用があり、化粧品やヘアケア製品、マッサージオイルとしても広く使われています。エッセンシャルオイルは鎮静作用や抗炎症作用を持つので、ニキビや肌荒れ対策としての効果も期待できます。

ただし、キク科のアレルギーを持つ人は使用時に注意しましょう。

one point

**セスキテルペンラクトン類の
マトリシンという成分が
カマズレンという成分に
変化するため青くなります。**

Fresh & Dry

オススメ活用法

◆ ジャーマンカモミールのハチミツ漬け ◆

材料：ジャーマンカモミール、ハチミツ、保存瓶　※フレッシュはよく洗って数時間乾かす。

作り方：瓶は消毒して乾かしたものを用意します。瓶の中にジャーマンカモミールをいっぱいまで詰め、その上から口までハチミツをゆっくり空気を抜きながら注ぎ入れます。口近くまで入れたら蓋をして約2週間待ち、フレッシュのものは抜き取ります。ホットミルクに入れても。

Fresh & Dry
05

St. John's Wort
セントジョーンズワート

「サンシャイン・サプリメント」と呼ばれ、自然界からもたらされる
抗うつ作用が特徴のハーブです。傷を治す効能もあります。

HERB DATA

学名……… Hypericum perforatum
和名……… **セイヨウオトギリソウ**
科名……… **オトギリソウ科**
使用部位… **開花時の地上部**
作用適用… **抗うつ、消炎、鎮痛／軽度から中程
度の抑うつ、季節性感情障害、
生理前症候群、創傷**
安全性……… **光感作作用があるので色白の人は
注意、薬物代謝酵素を誘導するので
薬を服用中の人は注意**
実用例……… **セントジョーンズワートの
ブレンドティー**

セントジョーンズワートは、
花だけでなく全体を束にして乾
燥させるとドライフラワーとし
ても楽しめます。心に小さな太
陽を持つイメージで、お守りの
ようにそばに置いてみましょう。
　火をつけないロウの飾りの中
に花を飾ってもよいでしょう。

**自生するセント
ジョーンズワート**

絶望や不安、恐怖などの暗い心に太陽のような明るさをもたらす効能から、「サンシャイン・サプリメント」と呼ばれています。

メディカルハーブとして、うつ症状の緩和や季節性感情障害対策に用いられます。五月病など気分の落ち込みの気配を感じたら、ハーブティーで対策を始めましょう。更年期障害にも効果が期待できます。

夏至の日（聖ヨハネの日）に収穫されたセントジョーンズワートは治癒力が高いとされ、この時期に咲く黄色い花にはヒペリシンという成分が含まれます。ヒペリシンは赤色色素を持ち、植物オイルやエタノールに漬けると赤くなります。これを傷や火傷に塗るなど外用に用いることができます。

ただしヒペリシンには光毒性があるので、肌が白い人はとくに注意が必要です。

使用については厚生労働省からも注意喚起が出ています。薬物代謝酵素を誘導するため、ピルや抗HIV薬、強心薬、免疫抑制薬、気管支拡張薬、血液凝固防止薬などとの併用は避けることとされています。

one point!

すでに抗うつ剤を
処方されている方や
重度の方、軽減されない方は
使用しない

オススメ活用法

◆ 太陽のブレンドティー ◆

気分が落ち込んだとき、落ち込みからくる不眠、感情が安定しないとき、気が休まらないときのハーブティーブレンドです。セントジョーンズワートをベースに、パッションフラワーやジャーマンカモミール、エゾウコギ、ローズヒップ、エルダーフラワーやオレンジフラワーをブレンドします。

ハーブティーでケアをしながら、日常生活で朝日を浴びることも心がけましょう。

Fresh & Dry

Nettle

ネトル

「天然のマルチビタミン」と呼ばれ、
花粉症やリウマチ、アトピーの改善に用いられます。

HERB DATA

学名	Urtica dioica
和名	セイヨウイラクサ
科名	イラクサ科
使用部位	葉部
作用適用	浄血、造血、利尿／アレルギー疾患（花粉症、リウマチ、アトピー）、痛風
安全性	心臓および腎臓の機能低下によるむくみがある場合は、洗浄療法はおこなわない
実用例	ネトルのふりかけ

主に北半球で見られる植物です。成長すると背丈ほどの大きさになり、白い小さな花をたくさんつけます。全体的に鋭いトゲに包まれており、刺さると数日痛むこともあるので素手では触らないようにしましょう。

自生するネトル

ネトルにはクロロフィルが豊富に含まれるため、造血や利尿の作用があります。また、植物性のヒスタミンを含むことから花粉症、アトピー、リウマチの改善にも効果があります。

ドイツでは、春先の花粉症シーズンに向けて冬のうちからネトルのハーブティーを飲むという「春季療法」があります。

ネトルは味に比較的癖がなく、緑茶に似ています。このことから、ドライで入手したものをハーブティーだけでなく、スープに入れたり、砕いてふりかけにしたりして食べることもできます。

食物繊維が豊富に含まれることから腸内環境改善が期待でき、血をきれいにする作用もあるため、体質改善も進みやすくなります。

また、カリウムや鉄分、ビタミンC、妊活に欠かせない葉酸も含むので、貧血対策や生理不順の改善にも有効とされています。こうした面から妊婦や授乳婦でも比較的安心して使えるハーブです。

その他にも、止血や痔の塗り薬として使われたり、育毛剤として活用されたりします。

one point

**アレルギー反応を
減らすだけでなく、
美容効果も期待できます。**

Fresh & Dry

オススメ活用法

◆ **花粉症対策のふりかけ** ◆

【和風ふりかけ】
ネトル4g、塩昆布7g、白炒りごま5g、ちりめんじゃこ5g

【洋風ふりかけ】
ネトル4g、ローズマリー3g、コリアンダーシード2g、パセリ0.4g、バジル・クミン・コリアンダーパウダー各0.2g
ポイント…ネトルの葉はミルなどで軽く砕いておきます。塩昆布ははさみで刻みます。どちらもすべての材料を混ぜるだけで完成です。

Mulberry

マルベリー

日本では養蚕の伝統とともに、生活に寄り添う植物として
親しまれてきました。生活習慣病予防やダイエットに。

HERB DATA

学名········· Morus alba
和名········· **桑**
科名········· **クワ科**
使用部位····· **葉部**
作用適用····· **α-グルコシターゼ阻害による血糖
調整／糖尿病や肥満などの生活習
慣予防、ダイエットサポート**
安全性······ **適正な用量・用法を守る**
実用例······ **マルベリーのダイエット茶**

　日本ではあちこちで自生して
いる桑ですが、葉の形が違った
り、実がなるものとならないも
のがあったりと、複数の品種に
分かれています。簡単に挿し木
が可能なので、実がなった株を
挿し木で増やせます。

自生するマルベリー

中国では古くから栽培され、日本では桑として知られます。養蚕産業において、蚕が唯一食べる食料として重宝されてきました。

植物療法で使われた歴史は古く、鎌倉時代に糖尿病を改善するために桑の葉を用いたという記録が残されています。

マルベリーの効能は、吸収すると腸内環境の改善や生活習慣予防の効果があります。

また、血圧を下げる効能を持つGABA（ガンマアミノ酪酸）も含みます。近年「特定保健用食品ートクホ」として製品化され、食品などに利用されています。飲みやすく、食前茶として日常的な活用がおすすめです。生活習慣病予防やダイエット

サポートにも使えます。

さらに、マルベリーの葉にはクロロフィルや鉄分、カルシウム、亜鉛も豊富に含まれることから、美白や美容にも効果があります。食物繊維も採れるので、粉末状にして、ふりかけにしても良いでしょう。

なお、実はビタミンCやカリウム、フラボノイドを含むスーパーフードの一種として知られます。ドライフルーツやジャムなどが販売されています。

one point

**糖尿病や高血圧、肥満など、
日々の健康増進にも役立つ
メディカルハーブとして
注目されています。**

Fresh & Dry

オススメ活用法

◆ダイエット茶◆

マルベリーはその効能から、ダイエットサポートのお茶として用いられます。効果的なのは食前30分から食事中も摂取することです。味のバリエーションとして、消化機能を整えるペパーミントや、ビタミンCが豊富なローズヒップなどとブレンドもおすすめです。また、美白効果をさらに高めるブレンドとして、ジャーマンカモミールやハイビスカスブレンドも。

Artichoke

アーティチョーク

お酒が好きな方におすすめ。
肝臓を保護・サポートしてくれます。

HERB DATA

学名………Cynara scolymus
和名………チョウセンアザミ
科名………キク科
使用部位…葉部
作用適用…強肝、利胆、消化機能亢進／消化不良、食欲不振
安全性……肝臓や胆のうの疾患がある人は医師に確認すること
実用例……アーティチョークのハーブティーに

初夏に大きく華やかな花を付けるアーティチョーク。鑑賞用や食材としても見かけます。

食用としてスーパーでも見かけることがあり、蕾の一部分を蒸したり焼いたり、フレッシュなものはそのまま食べることもできます。

メディカルハーブとしては、葉を使います。強い苦みが肝臓や胆のうを活性化させ、保護します。

お酒が好きな人にはとくにおすすめで、苦みが精神的な強壮作用も発揮します。日々のケアにはブレンドが良いでしょう。

オススメ活用法

◆ 疲れに効くハーブティー ◆

苦みが強く飲みにくい人は、ブレンドがおすすめ。ペパーミントは胃腸にも。ルイボスやフェンネル、柑橘系の香りのハーブとのブレンドもおすすめです。

Moon peach

月桃

近年、徐々に人気が高まってきた月桃は、
九州や沖縄、奄美大島などで自生しています。

HERB DATA

学名 …… Alpinia zerumbet,
Alpinia speciosa

和名 …… サンニン

科名 …… ショウガ科

使用部位 … 葉部

作用適用 … 鎮静、鎮痙、抗菌、抗
不安／心身の緊張、
不安、不眠、抑うつ、
生理前症候群

安全性 …… 適正な用量・用法を
守る

実用例 …… 月桃の蒸し料理

　成長すると3mにもなります。
笹の葉を大きくしたような葉に
エキゾチックな白い花をつけま
す。

Fresh & Dry

　月桃の魅力は、フラボノイドを豊
富に含む抗酸化作用と抗菌作用です。
フラボノイドは赤ワインの数十倍含
まれるともいわれ、美容と健康に役
立ちます。

　沖縄では食べ物を腐らないように
包んだり、包んだまま蒸して香りを
移したりします。

　月桃のエッセンシャルオイルも人
気で、リラックスや更年期障害対策、
防虫などに用います。

オススメ活用法

◆月桃の蒸し料理◆

生の葉が手に入ったらぜひ蒸し料理に。
沖縄では餅をくるんだカーサムーチーが
有名、台湾ではちまきもあります。とくに
肉の蒸し料理がおすすめ。

Horsetail

スギナ

春の風物詩、つくしが枯れた後に伸びてくる茎がスギナ。
お茶やローション、ヘアケアと、お役立ちの和ハーブです。

HERB DATA

学名………Equietum arvense
和名………**ホーステール**
科名………**トクサ科**
使用部位…**葉部、茎部**
作用適用…**内服で利尿、外用で収れん、止血、消炎／泌尿器感染症、外傷、爪や髪のケア**
安全性……**心臓、腎臓疾患がある人は利用を避ける**
実用例……**スギナのハーブティー**

つくしの周辺に見られるきれいな緑色の細い葉が特徴のスギナ。ちなみに、つくしは胞子でスギナは栄養茎です。

日本ではあちこちで見かけられる雑草のイメージですが、世界では古くからメディカルハーブとして活用されてきました。煎じた液は緑茶のような草の香りで利尿剤となり、結石や感染症対策に用いられます。

外用では止血や、傷を治す力を持ちます。シリカやケイ素などの成分は、骨粗しょう症やシワたるみ、傷んだ髪や爪の修復の効果をもたらします。

オススメ活用法

◆ 濃い目に煮出して外用にも ◆

ハーブティーを濃い目に煮出せば外用にも使えます。ローションのように常温まで冷やしてコットンなどで冷湿布のイメージで。

Sage

セージ

・・・・・・・・・・・・・

「セージを植えた家には死人が出ない」と言われ、
古代ギリシア時代からメディカルハーブとして使われています。

HERB DATA

学名 ········· Salvia officinalis
和名 ········· ヤクヨウサルビア
科名 ········· シソ科
使用部位 ··· 葉部
作用適用 ··· 抗菌、抗真菌、抗ウイルス、収れん、発汗抑制、母乳分泌抑制／口腔咽頭の炎症、発汗異常
安全性 ····· 妊娠中に使用しない、長期間の服用不可
実用例 ····· セージハーブティーでうがい

薬効利用とともに、浄化の象徴としても愛されています。香りが強めなのでポプリ材料にもおすすめ。

セージの大きな特徴はローズマリーの次に高い抗酸化力を持つことで、若返りのハーブとして活躍します。

また、抗菌作用や抗真菌作用も持つことから、風邪や口内炎に処方されることも。収れん作用があり、母乳の分泌を抑えたり月経過多や更年期のホットフラッシュといわれる発汗異常にも処方されたりします。ただし、アルコールに漬けたチンキ剤は長期服用は避けなければいけません。

オススメ活用法

◆ セージハーブティーでうがい ◆

独特の香りを持つセージは、うがいやマウスウォッシュでも使えます。口内炎を予防したり風邪予防も期待できます。

Dandelion
ダンデライオン

身近に咲く西洋たんぽぽは妊婦さんにお役立ちハーブ。
苦みのある根は、肝臓や胆のうの機能を助けてくれます。

HERB DATA

学名	Taraxacum officinale
和名	セイヨウタンポポ
科名	キク科
使用部位	根部、葉部
作用適用	強肝、利胆、緩下、催乳／肝臓や胆のうの不調、便秘、消化不良、リウマチ
安全性	肝臓や胆のうの疾患がある人は避ける
実用例	たんぽぽコーヒー

　春先に明るい黄色い花をつけるセイヨウタンポポ。ハーブ名はダンデライオン、根を乾かしたら砕いて使います。

　「ダンデライオンルート」とも呼ばれ焙煎したものとしていないものが流通しています。妊婦さんが飲めるたんぽぽコーヒーは、焙煎したもので、ノンカフェインで安心して飲むことができます。母乳の出を良くしたり、妊娠中になりやすい便秘を解消したりします。

　消化不良やリウマチにも用いられます。苦味を持つものは肝臓や胆のうを強化します。

オススメ活用法

◆ たんぽぽコーヒー ◆

　きれいな場所で育つ西洋たんぽぽの根をよく洗って乾かし、細かく刻みます。乾煎り用の鍋などでローストし、煮出してコーヒーのような風味が楽しめます。

Hibiscus
ハイビスカス

鮮やかな赤のハーブティーは、
女性に人気で美容にも役立ちます。

HERB DATA

学名	Hibiscus sabdariffa
和名	ローゼル(別名)
科名	アオイ科
使用部位	がく部
作用適用	代謝促進、消化機能亢進、利尿、緩下／疲労回復、便秘
安全性	適正な用量・用法を守る
実用例	ハイビスカスとローズヒップティー

夏の花を連想させる園芸種のハイビスカスとは区別されます。主にがくを使います。

赤色のきれいなハーブティーで人気のハイビスカスは、ローズヒップとよくブレンドされます。ハイビスカスにはクエン酸の酸味があるため、ローズヒップで酸味を緩和し、さらにビタミンCを補給するメリットがあります。肉体疲労の回復を早め、便秘の解消や利尿効果もあります。食材としてフレッシュが入手できたら梅干の代わりや砂糖菓子として加工できます。

オススメ活用法

◆ ハイビスカスとローズヒップティー ◆

ハイビスカスとローズヒップはどちらも赤を司るハーブで相性抜群です。酸味を強くしたい場合はハイビスカスを増やします。スポーツのお供にもオススメです。

Passion flower

パッションフラワー

**「植物性の精神安定剤」と言われるパッションフラワー。
穏やかな作用であらゆる世代に使われます。**

HERB DATA

学名	Passiflora incarnata
和名	チャボトケイソウ
科名	トケイソウ科
使用部位	地上部の全草
作用適用	鎮静、鎮痙／不安、不眠、過敏性腸症候群、高血圧
安全性	適正な用量・用法を守る
実用例	パッションフラワーのハーブティー

白と紫の個性的で印象的な花をつけるのが特徴です。

　パッションは「情熱」ではなく、花の中央部の印象的な形から「キリストの受難の花」という意味。アメリカやメキシコの先住民が用いていた歴史があり、「植物性の精神安定剤」とも呼ばれます。

　精神的な緊張をリラックスに導き、寝付きを良くしてくれます。作用が穏やかなのでお子さんやお年寄り、更年期の女性でも使えます。ハーブティーがおすすめ。

オススメ活用法

◆ リラックスのハーブティー ◆

　緊張や不安に働きかけ、頭痛や生理の強い痛みにも活躍。ブレンドはジャーマンカモミールやバレリアンとのブレンド。

Pearl barley

ハトムギ

雑穀としても古くからなじみのあるハトムギ。
イボ取りの異名を持ちます。

HERB DATA

学名………Coix lacryma-jobi
var.ma-yuen

和名………ヨクイニン（生薬）

科名………イネ科ジュズダマ科

使用部位…種子

作用適用…美肌、利尿、消炎、代
謝促進／いぼ、肌荒
れ、むくみ、神経痛、リ
ウマチ、高血圧、抗ア
レルギー

安全性………妊娠中の使用は避け
る

実用例……ハトムギ粥

中国やインドシナ原産で日本
には奈良時代もしくは江戸時代
に伝わったとされます。

ハトムギ茶をすでに暮らしに取り
入れている人は多いかもしれません。

秋に収穫されるハトムギは、ヒト
パピローマウイルスを原因とするイ
ボに有効なことがわかっています。

また、肌のターンオーバーを活性
化し、美肌をもたらす効果が期待で
きます。

アトピーに効果があり、内服でお
茶や食材などに取り入れると良いで
しょう。

オススメ活用法

◆ハトムギ粥◆

ハトムギを一晩浸水させておき、米やあ
ずきと一緒に時間をかけて粥にします。ハ
トムギは硬いので浸水はしっかりと。

Fever few

フィーバーフュー

・・・・・・・・・・・・・・・・

「奇跡のアスピリン」と呼ばれるほど、
頭痛や生理痛の激しい痛みを和らげるハーブ。

HERB DATA

学名	Tanacetum Parthenium
和名	ナツシロギク
科名	キク科
使用部位	葉部
作用適用	消炎、鎮痛、血管拡張／偏頭痛、リウマチ、関節炎
安全性	2歳未満は避けること、妊婦は避けること、まれに口内や口唇に炎症、胃腸に不調がでる、抗凝固剤との併用は避ける、アレルギーに注意
実用例	フィーバーフューのサプリ

白い小花をたくさんつけます。

フィーバーフューが激しい痛みに効くとして、古代ギリシアでは葉を煎じたり生の葉を齧っていたとされます。

現在では、偏頭痛の痛みを緩和するだけでなく、併発する光過敏症や吐き気も鎮める効能が期待されます。脳血管の血流減少タイプの頭痛にも効果があり、生理痛や関節炎などで処方されることも。ただし飲みにくい味なのでサプリがおすすめです。

オススメ活用法

◆手作りサプリ◆

ミルなどでドライのフィーバーフューを粉砕します。オブラートにごく少量を包み、水や白湯で服用します。痛み出す前の服用がより効果的です。

Mate
マテ

マテ茶の名前でペットボトルでも流通しています。
カフェインを含み、ダイエットサポートにも向いています。

HERB DATA

学名·········Ilex paraguayensis
科名·········**モチノキ科**
使用部位···**葉部**
作用適用···**興奮、利尿、脂肪分解／心身の疲労、ダイエット**
安全性······**中枢神経刺激薬との併用は避けること、小児の利用には注意**
実用例······**マテ茶**

マテの産地はパラグアイ、ブラジル、アルゼンチンです。産地にちなんで別名「パラグアイティー」と呼ばれます。

カフェインを1〜2%含み、興奮作用と同時に利尿作用もあります。

アーユルヴェーダやドイツの植物療法では心因性の頭痛や疲労、抑うつ、リウマチなどに処方されます。鉄分やカルシウム、ビタミンB群やCを含むことから「飲むサラダ」と呼ばれ、西洋のコーヒー、東洋の茶と並んで世界三大ティーの1つとして、南米を中心に世界で親しまれています。

オススメ活用法

◆ダイエットのサポート◆

マテをマルベリーとブレンドしてハーブティーに。グレープフルーツのエッセンシャルオイルを芳香浴でダイエットサポートに。

Mallow blue

マロウブルー

青い飲み物ブームの元祖で、
レモンやクエン酸を入れると色が変わるハーブティーが楽しめます。

HERB DATA

学名	Malva sylvestris
和名	ウスベニアオイ
科名	アオイ科
使用部位	花部
作用適用	皮膚や粘膜の保護、刺激緩和、軟化／口腔、咽頭、胃腸、泌尿器の炎症
安全性	適正な用量・用法を守る
実用例	マロウブルーのハーブティー

　梅雨時期から初夏にかけて縦に長く成長しピンクの花を付けます。日本でも生息しており、よく見かけることができます。

　マロウブルーのハーブティーは、レモンやクエン酸を入れると色が青紫からピンクに変化します。

　花を乾燥させて使います。粘液質を豊富に含み、ハーブティーにもかすかにとろみがつきます。

　喉や口腔胃腸の炎症を落ち着かせる効果が期待できます。

　美容や皮膚のトラブルにも湿布やパックで用いることができます。味が比較的薄いのでブレンドに向いています。

オススメ活用法

◆色が変わるハーブティー◆

　マロウブルーの花からの色素とレモンなどの酸が反応してピンクになります。子どもにも喜ばれます。

Mugwort

ヨモギ

**ヨモギは雑草と呼ばれるくらい身近にあり、
体をあたためる和ハーブです。**

HERB DATA

学名	Artemisia princeps
和名	モチグサ、ガイヨウ
科名	キク科
使用部位	葉部
作用適用	収れん、止血、抗菌、鎮痛、血行促進／虫刺され、外傷、冷え、
安全性	適正な用量・用法を守る
実用例	お茶とお風呂であたためる

　春先の5月ごろに採取します。猛毒のトリカブトによく似ているので、念のため注意が必要です。

　春の季語でもある草餅は、ヨモギを練りこんだ和菓子です。

　虫刺されやケガをした際に葉をもんで張り付けるという民間療法があるように、止血作用や抗菌作用があります。また、体をあたためて血行を促進する作用もあり、よもぎ蒸しとして用いられます。

　ヨモギ茶、植物油に漬ける浸出油、エタノールに漬けるチンキ剤などさまざまな形で使えます。

オススメ活用法

◆ お茶とお風呂であたためる ◆

　子宮をあたため出産後の回復に役立つとも言われているヨモギは、きれいに洗ったあと干してよく乾かし、お茶やお風呂のお供に。

Rooibos

ルイボス

南アフリカでは「不老長寿のお茶」とされるルイボス。
妊娠中にも飲めるノンカフェインティーとして有名です。

HERB DATA

学名………Aspalathus linearis
科名………マメ科
使用部位…葉部
作用適用…抗酸化、代謝促進、
　　　　　利尿／美容、冷え性、
　　　　　便秘
安全性……念のため妊娠中の
　　　　　大量摂取は控える
実用例……ルイボスの
　　　　　オレンジティー

ルイボスの産地は南アフリカ
共和国の中でもセダルバーグ山
脈周辺だけに限定されており、
非常に貴重なハーブです。

ルイボスには緑色（非発酵）と赤色（発酵）があり、一般的には赤色がルイボスティーと呼ばれます。

最大の魅力は、抗酸化成分のフラボノイドとミネラルを多く含む点にあり、美容や健康に役立つハーブティーとして人気を誇ります。

また、カフェインを含まないことから、妊娠中でも飲用OKです。冷え性や便秘解消で活用すると良いでしょう。

オススメ活用法

◆ ルイボスオレンジティー ◆

ルイボスには独特な香りがあり、やや個性的な風味です。苦手な人はオレンジの輪切りや果皮を入れて飲んでみて。

Lemongrass

レモングラス

タイ料理でおなじみのレモングラスは、「アジアの健胃剤」。
食欲不振や消化不良に役立ちます。

HERB DATA

学名……… Cymbopogon citratus
科名……… **イネ科**
使用部位… **葉部**
作用適用… **健胃、駆風、抗菌／
食欲不振、消化不良、
風邪**
安全性…… **エッセンシャルオイル
は刺激が強いので濃
度に注意**
実用例…… **レモングラスの
ハーブティー**

　ススキによく似た細長い葉が
特徴のレモングラス。地植えに
するとよく育ちますが、霜には
弱いので冬に一度掘り起こしま
す。

Fresh & Dry

　タイ料理などで香り付けとして使
われるレモングラスは、柑橘系に似
たさわやかな香りを持ち虫除け効果
も期待できます。ただし、エッセン
シャルオイルの利用は皮膚刺激が強
いため、お子さんや肌が弱い人はと
くに気を付けて。

　胃腸への働きかけの他に、運転や
スポーツ後のリフレッシュとしても。
また、ハーブティーに入れてブレン
ドし、さまざまな味を楽しめます。

オススメ活用法

◆胃が重いときのハーブティー◆

　胃腸への働きかけと抗菌性から、風邪
やインフルエンザ対策として活用されま
す。飲みやすいレモングラスのハーブテ
ィーはシングルやブレンドで。フレッシュ
も活用しましょう。

Lemon verbena

レモンバーベナ

フランスでは「ハーブティーの女王」と呼ばれ親しまれています。
香りがよく、リラックスをもたらします。

HERB DATA

学名	Lippia citriodora (Aloysia triphylla)
和名	ベルベーヌ(別名 仏)、コウスイボク
科名	クマツヅラ科
使用部位	葉部
作用適用	鎮静、緩和、消化促進／軽い興奮、食欲不振、消化不良
安全性	適正な用量・用法を守る
実用例	レモンバーベナのハーブティー

　葉の表面が波打ち、鋭く尖った形をしています。生長すると小さく可憐な花をつけます。

　南米原産のレモンバーベナは、柑橘系を連想させるさわやかな香りが特徴で、香料としても使われてきました。エッセンシャルオイルの流通量は比較的少なく貴重です。

　リラックスしたい就寝前の時間に飲まれていることから「イブニングティー」とも呼ばれています。フィンガーボールや足湯にも。美容や消化不良にも効果があり、ポプリ(P.29)にもおすすめです。

オススメ活用法

◆ 水出しハーブティー ◆

　近年、園芸用に苗がよく出回っており、育てる人も多くなりました。生の葉が入手できたら水出しがおすすめ。えぐみがなく優しい香りが楽しめます。

Lemon balm

レモンバーム

・・・・・・・・・・・・・・・

ストレス性の胃腸障害やパニックの味方、レモンバーム。
育てやすく、抗菌作用があります。

HERB DATA

学名・・・・・・・・Melissa officinalis
和名・・・・・・・・**セイヨウヤマハッカ、**
メリッサ（精油）
科名・・・・・・・・**シソ科**
使用部位・・**葉部**
作用適用・・**鎮静、鎮痙、抗菌、**
抗ウイルス／緊張性
の胃腸障害、不安、不
眠、偏頭痛、神経痛
安全性・・・・・・**適正な用量・用法を**
守る
実用例・・・・・・**レモンバームの**
ハーブティー

ミントにそっくりで見分けは
つきにくいですが、葉を手で触
ると柑橘系の香りがします。

Fresh & Dry

レモンバームは飲みやすい香りと
味で、ハーブティーのブレンドにお
すすめです。香りの強さの割に葉に
含まれる精油成分が非常に少ないた
め、エッセンシャルオイルのメリッ
サは高価になります。

パニックや興奮を鎮めてくれるの
で不眠などにも活用されます。ヘル
ペスウイルスに効果が確認されるほ
どの強い抗菌作用を持つのが特徴で
す。

オススメ活用法

◆消化不良や胃痛にハーブティーを◆

ストレスで胃が重い、消化不良、胃痛
などの場合にハーブティーで休めましょ
う。ペパーミントやレモングラス、ジャー
マンカモミールとブレンドして。

Rose hip
ローズヒップ

• • • • • • • • • • • • • •

**「ビタミンC爆弾」といわれるローズヒップは、
風邪が流行る時期には欠かせない存在です。**

HERB DATA

学名・・・・・・・・**Rosa canina**
和名・・・・・・・・**ドッグローズ**
科名・・・・・・・・**バラ科**
使用部位・・**偽果**
作用適用・・**ビタミンCの補給、緩
下／風邪予防、ビタ
ミンCの消耗時、便秘**
安全性・・・・・**適正な用量・用法を
守る**
実用例・・・・・**ローズヒップの
ハーブティー**

　多数存在するバラの中でも原
種の花後になる赤い実を利用し
たハーブで、学名によって区別
されます。

　ローズヒップはビタミンCを多く
含み、その量はレモンの20～40倍に
相当します。

　感染症や炎症時の回復期にはビタ
ミンCを必要とするため、インフル
エンザや風邪対策にハーブティーブ
レンドをおすすめします。

　ビタミンCは空気に触れるとなく
なってしまうので、ドライのシェル
を使う直前に砕くのがもっとも有効
です。

オススメ活用法
- - - - - - - - - - - - - - - - -
◆ 美容のハーブティー ◆

　相性のよいハーブは、エキナセアやエ
ルダーフラワー、ハイビスカス、ルイボ
スなどです。

Part 4

料理をおいしくする
ハーブ

Cooking

Coriander

コリアンダー

....

タイ料理に使われる香菜で「パクチー」と呼ばれます。
エッセンシャルオイルは生とは違う香りの魅力が。

HERB DATA

学名········· Coriandrum sativum

和名········· **パクチー、コエンドロ、シャンツァイ**

科名········· **セリ科**

使用部位···· **地上部、完熟果実**

作用適用···· **健胃、駆風、鎮静／消化不良、
食欲減退、お腹の張り、デトックス、
美容**

安全性······ **妊娠中、小児の利用は避けること、
刺激が強め（エッセンシャルオイル）**

実用例······ **コリアンダーの
シンガポールチキンライス**

春先にハーブ苗が出回るように
なりました。大きくなってから
は根付きにくいので、小さめ
の苗を選びましょう。根鉢を崩
すのを嫌がるので、ポットから
抜いてそのまま早めに植え変え
ます。

コリアンダーの地上部

カメムシに似ているとも言われる香りを持つコリアンダー。家庭菜園で手軽に育てて収穫できます。葉も果実（種）も使い切りましょう。香辛料で使われる生の葉を利用する調理法と、コリアンダーシードの名前で流通している果実を利用する調理法があります。

生の葉を使う料理には、トムヤムクン、鶏肉などのフォー、カオマンガイ（シンガポールチキンライス）、サラダ、生春巻きなどがあります。また、炒め物やパスタ、天ぷらなどでも食べられます。

一方、コリアンダーシードからはエッセンシャルオイルが抽出されます。生の葉とは異なる、さわやかで柑橘に近い香りが人気です。

カレー用のスパイスとして活用するのが代表的ですが、インド風の煮込み料理や炒飯、サラダやスープの風味付けなど、世界の料理と相性がよく日々の料理に取り入れやすいといえます。

エッセンシャルオイルは、リナロールやゲラニオールなどの主成分がグリーンフローラルの心地よい香りを、カンファーなどがスパイシーな香りを構成しています。

one point

**お腹にたまったガスを排出し、
デトックスを助ける
役割もあります。**

Cooking

オススメ活用法

◆ 炊飯器で作るシンガポールチキンライス ◆

米3合を研ぎ、水を少なめに入れて生姜とニンニクを少量すりおろします。鶏ガラスープの素とコショウ少量、鶏肉2枚を皮を下にして炊飯器で炊きましょう。炊きあがったら鶏肉は取り出してカットし、一緒に炊いたライスと盛り付けます。パクチーを散らし、ネギ、生姜、ニンニク、醤油、ナンプラー、酢、オイスターソース、ごま油を混ぜて作ったタレをかけたら完成。

Thyme
タイム

料理によく使われるタイムは、強い抗菌作用が特徴。
咳を鎮める作用もあるのでハーブティーで活用してみて。

HERB DATA

学名	Tymus vulgaris
和名	タチジャコウソウ
科名	シソ科
使用部位	葉部（生、ドライ）、葉部、花部（精油）
作用適用	抗菌、去痰、鎮痙／気管支炎、上気道カタル、消化不良
安全性	妊娠中の方、高血圧の人、小児の利用は避けること、刺激が強め（エッセンシャルオイル）
実用例	タイムのハーブティー

食用で活用したい場合はコモンタイムを選びましょう。根詰まりしたら植え替えを。地上部が枯れてもまた出てくるので、ばっさり刈り込んで切り戻して。

タイムを家庭で

タイムは他のハーブと同じように、春先のガーデニングシーズンにポット苗としていろいろな種類が出回ります。ただし食用とされるのはごく一部です。

料理やメディカルハーブとして活用されるのは、コモンタイムという品種。園芸種では、クリーピングタイムが華やかで小さな紫の花が人気ですが、食用には使われません。外用として、ワイルドタイムエキスの名前で化粧品に配合されます。保湿、美白効果があります。

植物療法では、主に消化不良の改善、咳止めなどに用いられます。

ハーブティーを濃いめに入れ、咳がひどいときにはゆっくりと服用してみましょう。うがいをするだけで

も効果が期待できます。風邪やインフルエンザが流行する前に咳止めシロップを作っておくのもおススメです。

タイムはトマトやチーズを使った料理によく合います。また、ローズマリーと合わせて肉料理や魚料理に、スープの香り付けやピクルスなどにも使えます。

伝統的なハーブ料理が広く親しまれています。

パンに混ぜ込んだり、洋風カツレツや唐揚げなどの揚げ物にも。

Cooking

オススメ活用法

◆ 咳が出るときにはハーブティー ◆

熱が下がったのに咳がしつこく続くようなとき、とくに重く湿ったタイプの咳には効果があります。

タイムのハーブティーは香りを楽しみつつ吸い込みながらかみしめるように飲用して。

うがいだけでも効果があります。ブレンドをするなら免疫力を強化するエキナセアや発汗作用のあるエルダーフラワー、ビタミンC補給にはローズヒップがおススメです。

Cooking
03

Rosemary

ローズマリー

・・・・・・・・・・・

「若返りのハーブ」と呼ばれ、
高い抗酸化力を誇り、美容と健康に役立つ品種です。

HERB DATA

学名 ········· Rosmarinus officinalis
和名 ········· マンネンロウ
科名 ········· シソ科
使用部位 ··· 葉部（生、ドライ）、花部、茎部、
　　　　　　葉部（精油）
作用適用 ··· 抗酸化、消化機能亢進、血行促進、
　　　　　　／美容、食欲不振、消化不良、リウマ
　　　　　　チ、関節炎、冷え、肩こり
安全性 ······ 妊娠中の方、乳児、てんかんの方の
　　　　　　利用は避けること、（エッセンシャルオ
　　　　　　イルのタイプによって禁忌も変わる）
実用例 ······ ローズマリーのハーブチキンなど

　ローズマリーは手軽に育てら
れるハーブです。収穫したら洗
って乾かしてから使いましょう。
　食用や内用に気軽に使えま
す。たくさん収穫できたらぜひ
薬草風呂として楽しんでみて。

自宅で手軽に。

ローズマリーは料理ハーブの代表格であり大変な人気です。海のしずくを意味する学名は小さな青色の花にちなんでいます。暑さや寒さにも強く、木のように大きく育ちます。使うときは、茎から葉を外して料理に使います。

メディカルハーブとしても活用でき、家庭用蒸留器で芳香蒸留水をつくったり、アルコールに漬けてチンキ剤にしたりします。なお、無水エタノールに漬けると濃い緑色に変わり、ローズマリー軟膏の材料になります。

オイルに漬ければ、マッサージオイルを作ることもできます。

ビタミンB、B2、C、ナイアシン、葉酸、カリウムなどが含まれ、強力な抗酸化作用があり、若さを取り戻したい方はぜひ活用を。

認知症対策でも使うことができ、レモンと合わせて午前中に使うと良いとされています。

美容にも効果があり、ハンガリーのエリザベス女王が「ハンガリーウォーター」として愛用したことでも有名です。

食用のローズマリーをウォッカなどに漬けてチンキ剤を作れば、活用の幅が広がります。

開花時期が長く、花が少ない冬場にも楽しめます。

オススメ活用法

◆ローズマリーのさまざまな料理活用◆

鶏肉を焼いたハーブチキン、ジャガイモと一緒に揚げたハーブポテト、他のハーブと混ぜてハーブソルトに。溶かしたバターに砕いたものを混ぜたローズマリーバターも重宝します。炊きたてのごはんにまぶして香草ライスに、ドリアやお弁当に活用してみて。

Anise

アニス

古代エジプトやギリシアで、スパイスとして使われました。
胃を軽くする、腸内環境を整えるなどの効果が期待できます。

HERB DATA

学名	Pimpinella anisum
科名	セリ科
使用部位	種子
作用適用	消化機能促進、去痰、駆風／食欲不振
安全性	妊娠中に使用しないこと、小児への利用は注意が必要、刺激が強め
実用例	アニスシードの焼き菓子

古代エジプトではミイラの防腐保存剤としてクミンと使われました。ウェディングケーキのルーツになったという伝承も。

アニスシードの名前でスパイスとして活用されます。独特の甘い香りは、フェンネルと同じアネトールという精油成分に由来します。清涼感があり、歯磨きなどのオーラルケアにも利用されてきました。

胃腸の働きをよくすると考えられており、食後のデザートに取り入れるのもおすすめです。

エッセンシャルオイルは刺激が強いので利用には注意が必要です。

オススメ活用法

◆ クッキーやパウンドケーキなどに ◆

甘い風味を焼き菓子に活かしながら、食後の消化促進も期待できます。軽くつぶして混ぜるとより香りが引き立ちます。

Oregano

オレガノ

・・・・・・・・・・・・・・・・

**地中海沿岸が原産地とされるオレガノは、
イタリアやメキシコで定番調味料として使われます。**

HERB DATA

学名………Origanum vulgare
科名………シソ科
使用部位…花部、葉部
作用適用…消化機能促進、去痰、
　　　　　駆風／食欲不振
安全性……妊娠中や授乳中、小
　　　　　児の利用は避けるこ
　　　　　と、刺激が強め（エッ
　　　　　センシャルオイル）
実用例……オレガノの
　　　　　メキシカンオムライス

　オレガノは苗から育てて活用
もできます。食用かどうかチェ
ックを。人気のオレガノ・ケント
ビューティーは観賞用品種です。

Cooking

　かつては消化不良促進やお腹が張
った際のガスの排出、呼吸器系疾患
の改善のために処方されていました
が、現代では食材としての活用が主
になっています。

　フレッシュよりドライのほうが香
りが立ち、トマトやチーズを使うイ
タリア料理に活用できます。ハンバ
ーグなどの肉料理、魚料理などの風
味付けにも使われています。

オススメ活用法
・・・・・・・・・・・・・

◆ メキシカンオムライス ◆

　強い香味を活かしてチリパウダーと一
緒にタコミートを作り、ケチャップや玉ね
ぎと一緒に炊飯器で炊きこんだライスを
合わせてメキシカン風オムライスに。

Japanese pepper

山椒

日本ではうなぎに振りかける香辛料として有名。
ピリッとした風味で、腸内環境を整えます。

HERB DATA

学名………Zanthoxylum Piperitum
和名………花椒
科名………ミカン科
使用部位…果実、葉部
作用適用…消化機能促進、抗菌、抗真菌、駆虫、殺虫／食欲不振、消化不良
安全性……適正な用量・用法を守る
実用例……ちりめん山椒

　実の収穫時期である初夏には、つくだ煮やしょうゆ漬け、ドライにして保存用など、季節の手仕事が親しまれています。

　代表的な利用法は和食料理です。うなぎ料理では実を砕いて風味付けに使います。竹の子の料理では、葉を手の平で軽く叩いて香りを出します。

　その他、京都のお土産でおなじみのちりめん山椒の材料としても使われます。

　サンショオールという有効成分は、胃腸の働きを助けます。独特の風味は発汗を促し、代謝を上げます。

オススメ活用法

◆ちりめん山椒作り◆

　生の山椒を塩を入れて沸騰したお湯で5分ほど煮ます。そのあと枝を外し、水にさらして辛さを調整。醤油、酒、砂糖、みりんでちりめんと一緒に煮つめます。

Cinnamon
シナモン

食用として人気が高いシナモン。
メディカルハーブでは消化不良やお腹が張るときに用います。

HERB DATA

学名 …… **Cinnamomum verum,
Cinnamomum zeylanicum**
和名 …… **桂皮、セイロンケイヒ、
セイロンニッケイ**
科名 …… **クスノキ科**
使用部位 … **皮部**
作用適用 … **消化機能促進、抗菌、
駆風／食欲不振**
安全性 …… **妊娠中に使用しない
こと(精油)、アレル
ギーに注意**
実用例 …… **シナモンのオリジナル
チャイミックス**

主にスリランカやインドネシアで生産されています。スパイスとしても人気です。

シナモンは現代の生活におなじみのスパイスで、2種類が流通しています。セイロンシナモンは手で砕くことができ、お菓子作りなどに。シナモンカッシアは硬く、料理に向いています。消化不良を助け、ガスが溜まっているときにも使えます。

エッセンシャルオイルは抗真菌作用、抗ウイルス作用を持ちますが、刺激が強めのため、使いすぎないようにしましょう。

オススメ活用法

◆オリジナルチャイミックス◆

シナモン、カルダモン、クローブ、八角を好みでブレンドし砕いて紅茶とミルクで煮出します。

Dill

ディル

サーモンと合わせた料理は風味・色合いが○
ハーブティーに向いています。

HERB DATA

学名 ………Anethum graveolens
科名 ………**セリ科**
使用部位 ‥**葉部**
作用適用 ‥‥**消化機能促進／食欲不振**
安全性 ‥‥‥**適正な用量・用法を守る**
実用例 ‥‥‥**スモークサーモンとディル料理**

ディルはフェンネルの葉と良く似ていて見分けがつきにくいですが、フェンネルには甘みがあり、黄色い花をつけます。

ビタミンやミネラルを豊富に含み、消化を促すため、健康維持に役立ちます。

現代では薬効を求めるというより、葉を料理に活用します。

フレッシュなものはよく洗い、サラダやピクルス、ドレッシングに散らしたり、バターに練りこんだりして、魚料理やジャガイモ料理に用いても。香りを生かすなら、収穫してすぐ使いましょう。

オススメ活用法

◆サーモンとディル料理◆

フレッシュディルとクリームチーズ、アボカドをあわせます。ディルのバターは、粉吹き芋とあわせても。

Fennel

フェンネル

甘くてほんのりスパイシーなフェンネルは料理やお菓子づくりに。
胃腸を休めたいときや子どもの咳止めとしても使えます。

HERB DATA

学名	Foeniculum vulgare
和名	ウイキョウ
科名	セリ科
使用部位	実(食用として葉部、茎部)
作用適用	消化機能亢進、駆風、去痰／お腹の張り、疝痛、上気道カタル
安全性	まれに皮膚や呼吸器のアレルギー反応が出る
実用例	フェンネルのシロップ

　スーパーのスパイスコーナーで入手できます。野菜コーナーではフレッシュも入手でき、スープなどに使われています。

　フェンネルは地中海沿岸を中心に世界各地で育生し、料理やメディカルハーブに用いられます。中世ヨーロッパの聖ヒルデガルトが薬草ブレンド茶として活用しており、重く感じる胃腸の動きを助け、お腹にたまったガスを排出します。

　また、ドイツの小児科ではフェンネルシロップやフェンネルハニーが、風邪の症状の緩和のため処方されています。

オススメ活用法

◆ フェンネルシロップ ◆

　しっかり抽出するためにあらかじめ実を砕いておきます。少し長めに煮て抽出し、きび砂糖を加えてとろみが出るまで待ちます。薄めるかミルクで割っても。

Holy basil

ホーリーバジル

エスニック料理ブームで需要が伸びているハーブ。
主にタイ料理に使われ、美容効果が期待できます。

HERB DATA

学名………Ocimum tenuiflorum,
Syn.O. sanctum

和名………カミメボウキ、
トゥルシー

科名………シソ科

使用部位…葉部

作用適用…鎮静、鎮痛、抗菌、抗
酸化、アダプトゲン／
ストレス、食欲不振、
美容

安全性……適正な用量・用法を
守る

実用例……ホーリーバジルの
ガパオライス

アジアやオーストラリアの熱
帯が原産。緑の葉と茎や葉脈の
赤紫のコントラストが特徴です。

インド発祥のアーユルヴェーダで
は「トゥルシー」と呼ばれ、宗教儀
式や礼拝に使われてきたハーブです。

非常に強い香りがあり、エッセン
シャルオイルも作られています。効
能としては、ストレスの受け皿を大
きくします。

抗酸化成分を含み、肌を引きしめ
る収れん作用があるので、美容効果
が期待できます。

オススメ活用法

◆本格派ガパオライス◆

ガパオライスにはバジルが代用として
使われていますが、本場のタイではホー
リーバジルを用います。フレッシュが手に
入った際にはぜひ試してみましょう。

Part 5

もっと知りたい人の
ハーブ

Additionally

Turmeric

ウコン

肝臓によいと広く知られているメディカルハーブ。
お酒が好きな人はぜひ取り入れましょう。

HERB DATA

学名········Curcuma longa
和名········**ターメリック（別名：秋ウコン）／**
　　　　　ワイルドターメリック（春ウコン）
科名········**ショウガ科**
使用部位···**根部、茎部**
作用適用···**強肝、利胆、消炎／消化不良、肝臓**
　　　　　の疲労や予防（秋ウコン）、生活習慣
　　　　　病予防、健康維持（春ウコン）
安全性·······**胆道閉鎖や胆石の治療中の人は控**
　　　　　える
実用例······**ウコンのカレー**

ウコンはショウガの根によく
似ています。
　薬用植物園では、春ウコンや
秋ウコン、他の品種のウコンな
ども見ることができます。独特
な香りは、スパイスとして重宝
されています。

掘りおこしたばかり
のウコン

CMなどで認知度が高いウコンは、お酒を飲む前に摂取すると効果があるとされ、ドリンク剤やサプリメントで使われています。

数多くの品種があり、主に秋ウコン（ターメリック）がメディカルハーブとして活用されます。春ウコン（ワイルドターメリック）は、コレステロールの分解や、がん・動脈硬化など生活習慣病の予防に役立てられます。秋ウコンに比べ、色味が薄いことも特徴です。

ウコンはアジアの伝統的なハーブで、ジャワ島やバリ島では、植物療法で処方されます。とくに肝臓の疲労を回復、予防する効果があります。

ほかにも、消炎作用を持つことから皮膚病やリウマチ、関節炎にも用いられます。

また、料理に活用されるスパイスでもあります。カレーの黄色を作っているのがターメリック（ウコン）の色素で、鮮やかな黄色い色素は、植物染めにも用いられます。

ウコンの食用パウダーは手軽に入手できますが、衣服に付くと落ちないこともあるので注意が必要です。

one point

**カレーのお供、
ターメリックライスの黄色も
ウコンによるものです。**

Additionally

オススメ活用法

◆ ウコン（ターメリック）で手作りカレー ◆

ターメリック・レッドチリパウダー・コリアンダーパウダー・クミンパウダー・ガラムマサラを使います。ターメリックは粉っぽさが出るので最初に炒めます。ガラムマサラは仕上げ直前に入れましょう。比率は以下のとおりです。
クミンパウダーとコリアンダーパウダーは8
レッドチリパウダーは4
ガラムマサラは2
ターメリックは1

Dokudami

ドクダミ

ゲンノショウコ、センブリとともに、三大民間薬の1つ。
内用外用での活用と、美容活用も注目です。

HERB DATA

学名········· Houttuynia cordata
和名········· 十薬
科名········· ドクダミ科
使用部位··· 地上部
作用適用··· 解熱、利尿、消炎、排膿、抗動脈硬
化／膀胱炎、慢性皮膚炎（ニキビ、
吹き出物）、便秘、痔、蓄膿症、
動脈硬化の予防、美容利用
安全性······ 念のため妊娠中の利用には注意が
必要（とくに内用）
実用例······ ドクダミのチンキ剤

　日本では北海道南部から九州
にかけて、広く自生しています。
　白い花を咲かせる時期に一番
薬効が高くなるとされます。
　近年、生のままアルコールに
漬けるチンキ剤も非常に人気で
す。

ドクダミの白い花

ドクダミには多くの人が顔をしかめるような独特な臭みがあります。これはデカノイルアセトアルデヒドという成分によるもので、抗菌・抗真菌作用があります。

乾燥させると、臭みが消えてしまうので飲みやすくなります。

十薬と言われるだけあり、植物療法としてはたくさんの効能を持ちます。乾燥させ臭いがなくなったドクダミと、アルコールに漬けたドクダミチンキで体の内と外から、健康と美容に。

臭みが消えたドライは利尿、緩下、抗動脈硬化作用を持ち尿路感染症対策や便秘、生活習慣病の予防にも役立ちます。注目は家庭での春の薬草手仕事として活用されるドクダミの

チンキ剤を活用した美容への効能です。

抗炎症作用があるので、アレルギー性炎症系疾患の改善やアトピー性皮膚炎の改善にも用いられます。

なお、肌の弾力を保つコラーゲンを守る働きから、シワの予防・改善やムダ毛の成長抑制もあることがわかっています。

one point

**高血圧や皮膚病の改善に、
生のものは排膿作用による
蓄膿症の改善にも
用いられてきました。**

オススメ活用法

◆ドクダミのチンキ剤◆

材料：開花時期に収穫したドクダミ　ウォッカ(40度)　保存瓶

作り方：よく洗ってゴミや虫を落としたドクダミを水気を切って瓶に入れ、全体が漬かる量のウォッカを入れます。日の当たらない場所で保管し、2週間から1カ月ほどで完成。※ドライとフレッシュの違いや、葉だけと花だけのチンキ剤による抽出成分や効能の違いは、はっきりとわかっていません。

Yukinoshita

ユキノシタ

日本で古くから民間薬として知られます。
風邪や尿路疾患、中耳炎などに処方されてきました。

HERB DATA

学名 ……… Saxifraga stolonifera

和名 ……… **イドクサ、ミミダレグサ**

科名 ……… **ユキノシタ科**

使用部位 … **葉部**

作用適用 … **抗菌、抗炎症、利尿、美白、細胞修復／むくみや水分排出、尿路疾患、消化機能の亢進、解熱、中耳炎、虫刺され、湿疹、美容**

安全性 …… **適正な用量・用法を守る。**

実用例 …… **ユキノシタのBGエキス**

ユキノシタは、本州、四国、九州で自生しています。湿気のある日陰でよく見られます。

夏の暑さで溶けたように枯れ、また秋に出てきて冬を越し、春を迎えた5月ごろから可憐で小さな花をつけます。

自生するユキノシタ

ユキノシタは、古くから天ぷらやおひたしで活用されたり、虫に刺されたときに葉を揉んでなすりつけたりと、さまざまな用途で重宝されています。

園芸では花壇や通路のスペースを埋めるグランドカバーとして活用されます。

代表的な効能は抗菌と利尿作用です。植物療法では洗って乾かし、膀胱炎などの対策に用いられます。また、胃の動きを助ける作用もあり、消化不良の改善も期待できます。

内用として解熱作用を期待して風邪などの処方に、外用として中耳炎、湿疹の改善にも役立ちます。ヒスタミン抑制による抗アレルギー作用もあり、花粉症やアトピーの改善にも役立ちます。

美容面ではチロシナーゼという肌を黒くする酵素の働きをおさえることから美白効果があります。

家庭では、ウォッカなどのアルコールや1,3-ブチレングリコール（BG）に漬けて、チンキ剤で用います。

きれいな場所で育ったユキノシタは、ぜひ食用やチンキ剤にしましょう。

one point

**細胞賦活作用や
セラミド合成促進作用もあり、
エキスが抽出され、
多くの化粧品に
配合されています。**

Additionally

オススメ活用法

◆ユキノシタのBGエキス作り◆

材料：1.3-ブチレングリコール（BG）40〜50mL　精製水40mL　ユキノシタ（ドライ）10ｇ　保存瓶100mL

作り方：保存瓶を消毒します。ユキノシタをミルで砕き、瓶に入れます。その上から精製水と1.3ブチレングリコールを注ぎ入れます。

日の当たらない場所に置き、1日1回振りましょう。2週間後に濾し、保湿剤として手作り化粧品に利用できます。

Angelica

アンジェリカ

気力や体力がどうも続かないときにはアンジェリカ。
体を温める作用もあります。

HERB DATA

学名……… Angerica archangelica
和名……… ヨーロッパトウキ
科名……… セリ科
使用部位… 花部、葉部、茎部、根部
作用適用… 健胃、利胆、鎮痛、駆風／食欲不振、消化不良、気力や体力の低下
安全性…… 胃腸の潰瘍がある人は使用を避ける、念のため光毒性に注意
実用例…… アンジェリカのソープ

セリ科の花を象徴するように背丈が大きく伸び、初夏には茎のてっぺんに白い花をつけます。

アンジェリカはエンジェルを語源とし、古くから悩める人に寄り添うハーブとして使われてきました。

土のような香りと苦みを持ち、弱った胃腸に働きかけ、ガスを排出させます。植物療法では、気力や体力が低下するタイプの更年期の悩みを持つ人に処方されます。

ヨーロッパでは花は砂糖菓子に、茎や根、葉もすべて料理に使われています。

オススメ活用法

◆ 気分が落ち込んでいるときに ◆

心や体が落ち込んで重いときにはハーブティーを。砂糖で甘みを付けて飲みやすくしたり、アルコールに漬けて養命酒のように活用してもよいでしょう。

Ginkgo
イチョウ

身近にあるイチョウの葉は、
記憶力を強化したり、認知症予防に役立てられたりしています。

HERB DATA

学名	Ginkgo biloba
科名	イチョウ科
使用部位	葉部
作用適用	血管拡張、抗酸化、PAF（血小板活性化因子）阻害／認知症・耳鳴り・めまいなどの脳血管神経障害、冷え性、間欠性跛行
安全性	抗凝固剤、ニフェジピン、MAO阻害薬に影響を与える可能性、出血傾向がある人は使用に注意、ごくまれに胃腸障害、頭痛、アレルギー性皮膚炎
実用例	イチョウのサプリメント

アレルギーのある人は控えましょう。

「生きた化石」の異名を持ち、2億年前から存在するため、長寿の象徴とされています。

イチョウは葉から抽出したエキスやサプリメントが用いられます。植物療法では、血管を拡張し、脳の血流量を増やすことで認知症や耳鳴り、めまいなどの対策に用いられます。ただし、注意する点も多いので服用する際には専門家への確認が必要です。

オススメ活用法

◆記憶力低下や認知症の対策に◆

イチョウは身近でも、葉をティーのようには使うことなくエキスやサプリメントで用いられます。記憶力が低下したと感じる中高年の方や認知症の予防に。

Evening primrose

イブニングプリムローズ

夕方から朝にかけて黄色や白の花を咲かせる月見草。
種から採れる油には、栄養成分がたっぷり含まれます。

HERB DATA

学名	Oenothera biennis
和名	月見草、マツヨイグサ
科名	アカバナ科
使用部位	種子
作用適用	γ-リノレン酸（GLA）の補給によるエイコサノイドの調整／生理痛、生理前症候群、リウマチなどのアレルギー疾患、湿疹
安全性	適正な用量・用法を守る
実用例	生理痛や生理前症候群、アレルギー対策に

背丈が1メートルほどになり、可憐な黄色い花を夕方から咲かせます。

オススメ活用法

◆サプリは計画的に◆

種から採取された油はカプセル剤として服用します。ただし、過剰な摂取にならないよう、適量を服用しましょう。

　幕末に日本に入ってきたとされますが、野生のものは見かけません。もとはアメリカの先住民が全草（根を含めた丸ごと）食料にしたり、種の油を傷や皮膚炎に塗ったりしていました。

　種子から採れる油はホルモン調整のポイントとなります。健康食品に使われることが多く、アトピー性皮膚炎やリウマチなどのアレルギー疾患や生理痛、生理前症候群などへの効果が期待されます。

Eleuthero

エゾウコギ

ストレスの多い現代の救世主。
疲労回復や集中力を高める効果も期待できます。

日本では北海道で見かけます。実には棘があります。

HERB DATA

学名	Acanthopanax senticosus (Eleutherococcus senticosus)
和名	シベリアンジンセン（別名）
科名	ウコギ科
使用部位	根部、茎部
作用適用	アダプトゲン、賦活／ストレス対策、疲労、運動能力・集中力・持続力の低下、感染症予防、病後の回復
安全性	ドイツでは「3か月以内の使用にとどめる、1か月ほど休んでの反復利用は可能」としている、高血圧の人は使用を控える
実用例	自家製薬用酒に

中国で2000年前から、気を高めるハーブとして用いられています。1960年ごろから旧ソ連のスポーツ選手や宇宙飛行士が、疲労を取り去って筋肉を強化したり、集中力を高めたりするのに使ったといわれています。

現代社会においては、ストレスに対する受け皿を大きくするハーブとして知られ、心身の健康強化に注目されています。

オススメ活用法

◆ 自家用薬用酒に ◆

チンキ剤…ウォッカ9：エゾウコギ1の割合で2週間ほど漬けます。薬用酒…ホワイトリカーやブランデーで砂糖と一緒に果実酒の要領で漬けます。

Kumis Kuching

クミスクチン

欧米ではジャバ茶と呼ばれますが、
クミスクチン茶の名でも親しまれています。

HERB DATA

学名	Orthosiphon spicatus (Orthosiphon stamineus)
和名	ジャバ茶
科名	シソ科
使用部位	葉部
作用適用	利尿、鎮痙／腎盂炎、膀胱カタル、腎臓カタル、過敏膀胱
安全性	適正な用量・用法を守る
実用例	クミスクチンのハーブティー

名前の由来は、マレー語で「ネコのヒゲ」です。

長い雄しべが特徴のクミスクチンには利尿作用があり、腎臓のお茶として知られています。ドイツやフランス、スイスなどでも細菌性の尿路感染症や炎症疾患にて用いられています。

代表的な成分のカリウムを豊富に含むので水分の排出を促すだけでなく、ナトリウムや塩素、尿酸の排出も増加させることから、高血圧や痛風対策にも用いられます。

オススメ活用法

◆膀胱炎や尿道炎の対策◆

免疫力を強化するエキナセアやスギナとブレンドしたり、クランベリーと一緒に摂りましょう。

Cranberry
クランベリー

かわいらしい赤い実が人気のクランベリーは、
尿にまつわる悩みに効果があるハーブです。

HERB DATA

学名……… Vaccinium macrocarpon, Vaccinium oxycoccos
和名……… オオミノツルコケモモ
科名……… ツツジ科
使用部位… 果実
作用適用… 尿の酸性化や尿路への細菌の付着抑制／尿道炎、膀胱炎、尿臭
安全性……適正な用量・用法を守る
実用例…… クランベリーのサプリメント

　園芸種としてのツルコケモモも秋あたりによく出回り、冬を彩る赤い実が人気です。

Additionally

　日本では鑑賞用の園芸品種が知られます。赤い果実を絞ってジャムにしたり、ティーで飲むとビタミンCが補給できます。

　目の疲れや美白にも効果があり、また、尿道炎や膀胱炎にも効果が期待できます。

　ジュースは糖分が多く、ドライフルーツは油を含むものが多いので、健康目的で摂るなら、サプリにしましょう。

オススメ活用法

◆ サプリメントの多彩な効能 ◆

　クランベリーは尿トラブルを解消するハーブなので、高齢者など介護にもぜひサプリメントで取り入れてみてください。

Saw Palmetto

ソウパルメット

中高年の男性に用いられるハーブです。
前立腺にまつわる症状の緩和や、男性型脱毛症にも使えます。

HERB DATA

学名········ Serenoa repens
和名········ ノコギリヤシ
科名········ ヤシ科
使用部位··· 果実
作用適用··· **酵素阻害、利尿、消炎／前立腺肥大(良性)、過敏膀胱、排尿障害**
安全性······ **まれに胃障害がある**
実用例······ **ソウパルメットのチンキ剤**

　アメリカ南西部の固有種で、砂浜や松林に群生しています。葉は鋭く棘を持ち、果実は野生動物の食糧になっています。

　ハーブの活用といえば女性向きなイメージが多い中、ソウパルメットは珍しく男性に用いられるハーブです。

　赤黒い実から得られる成分は、中高年男性の悩みに効果が期待できるのです。良性の前立腺肥大や、排尿障害を改善したり、額が広くなる男性型の脱毛症にも。症状の初期段階で、率先して使い、健康維持に役立てましょう。

オススメ活用法

◆ ソウパルメットのチンキ剤 ◆

　有効成分が脂溶性なので、サプリメントやチンキ剤で摂取します。同時に利尿を促すクミスクチンやヒースのハーブティーで相乗効果を。

Valerian
バレリアン

古代ギリシアの時代から不眠症に用いられたハーブです。
寝付けないと感じたときにハーブティーを一杯いかが。

HERB DATA

学名	Valeriana officinalis
和名	セイヨウカノコソウ
科名	スイカズラ科
使用部位	根部
作用適用	鎮静、鎮痙／就眠障害、神経性、痙攣性の消化器系疼痛
安全性	鎮静剤を利用している人は注意、車の運転や機械操作の際には注意、頭痛の可能性があるので量に気を付ける、念のため長期服用は避けること
実用例	バレリアンのハーブティー

白い花をつけます。

秋に収穫され、ドライの状態でも入手可能ですが、非常に強烈な臭い成分「イソ吉草酸」を含みます。保存する場合は密封袋を二重にし、冷凍庫に入れましょう。中枢神経を抑制し、筋肉の緊張をゆるめるため、寝付きをよくしたり不安をやわらげる作用があります。

ただし、頭痛を引き起こす可能性があるので過剰摂取や長期服用は念のため避けてください。

オススメ活用法

◆ ブレンドで臭いをおさえる ◆

ハーブティーで服用する場合は、ジャーマンカモミールなどと合わせて臭いをおさえましょう。サプリメントでの服用も効果的です。

Heather
ヒース

**かわいらしいピンクの小さな花にはすごい力が!
ハーブティーで美白・健康を手に入れましょう。**

=== HERB DATA ===

学名	Erica vulgaris (Calluna vulgaris)
和名	エリカ、ギョウリュウモドキ
科名	ツツジ科
使用部位	花部
作用適用	美白、尿路消毒、抗菌／色素沈着、膀胱炎や尿道炎などの泌尿器系感染症、結石予防、リウマチ、関節炎、痛風
安全性	酸性尿を引き起こす薬剤と一緒に投与すると抗菌力低下の可能性あり。
実用例	**ヒースのハーブティー**

園芸種名のエリカは広い品種を対象とします。

ヒースは、アルプスの山々や地中海地方に育生する常緑樹で、ピンクの花をつけます。自然療法では、ヘザーと呼ばれています。

メラニン色素の合成に関わる酵素チロシナーゼの活性を抑制するアルブチンが含まれ、美白に役立ちます。

また、泌尿器を浄化する働きもあり、結石予防や感染症対策、良性の前立腺肥大による排尿障害などの植物療法で用いられます。

オススメ活用法

◆ 美白のハーブティー ◆

ヒースそのものは味があまりないので、ジャーマンカモミールやローズヒップとブレンドしましょう。抗酸化作用のあるハーブとブレンドすると老化対策にも。

Black cohosh

ブラックコホシュ

植物成分のホルモン剤と呼ばれるブラックコホシュ。
更年期障害の気分の落ち込みやホットフラッシュなどに○。

HERB DATA

学名 ········· Cimicifuga racemosa

和名 ········· アメリカショウマ

科名 ········· キンポウゲ科

使用部位 ···· 根部、根茎部

作用適用 ···· ホルモン分泌の調整、鎮静／更年期障害、生理痛、生理前症候群

安全性 ······· 妊娠中の使用は避ける、ホルモン治療の投薬をしている人は注意、厚生労働省からは念のため肝障害に注意と勧告が出ている

実用例 ······· ブラックコホシュのサプリメント

小さな白い花を長くたくさんつけて立ち上がるように咲きます。

オススメ活用法

◆更年期障害対策に◆

更年期障害の対策にはサプリメントが主流。近年、エストロゲンの減少だけが更年期障害の理由ではないとわかってきているので様子を見ながら服用を。

年齢とともに減少していく女性ホルモンのエストロゲンに似た作用を発揮するイソフラボンが含まれます。効果として更年期障害の落ち込みや不安感、発汗異常という代表的な症状以外に腰痛や肩こりが緩和されたという報告もあります。ホルモン剤補充療法を始める前に試してみたいハーブです。同様に、エストロゲンの減少で起こる生理痛や生理前症候群にも。

Flax seed

フラックスシード

人間が初めて栽培した植物といわれるフラックス。
種は食用油やスーパーフードとして活用されます。

HERB DATA

学名	Linum usitatissimum
和名	リンシード(別名)、アマ、亜麻仁(和名)
科名	アマ科
使用部位	種子
作用適用	α-リノレン酸の補給によるエイコサノイドの調整、緩下、粘膜保護／生活習慣病の予防、便秘、咽頭炎、腸炎
安全性	十分な量の水と一緒に摂ること。腸閉塞には禁忌。他の医薬品の吸収を阻害する可能性がある。
実用例	ドレッシング

種を水分に漬けると、ジェル化して膨らみます。

　フラックスシードの茎はリネン素材の原料として使われます。種は丸ごと食べたり、種から絞った油を食用に使ったりして活用します。

　健康における最大の特徴は、オメガ3脂肪酸のα-リノレン酸を豊富に含むこと。生活習慣病の予防に最適ですが、酸化が早いため、加熱せずドレッシングで使うか、開封後に早く消費しましょう。

オススメ活用法

◆ フラックスシードの料理活用 ◆

　種はローストしたものを砕いてサラダのふりかけや焼き菓子、パンに混ぜたり肉料理などにも。

Safflower
ベニバナ

古くから女性に寄り添う生薬として活用されてきました。
月経不順や更年期障害に役立つハーブです。

HERB DATA

学名	Carthamus tinctoria
和名	末摘花
科名	キク科
使用部位	花部、種子
作用適用	血行促進、通経、子宮収縮／月経不順、冷え、血行不良、更年期障害
安全性	妊婦は使用を避けること
実用例	ベニバナのハーブティー

初夏に鮮やかな黄色で咲き始め、やがて紅色が強くなります。

古代エジプトのミイラの着衣は、ベニバナで染められていることがわかっています。化粧品や食品の色付けに使われてきました。

生薬（天然由来の成分でつくられた薬）としては、子宮収縮作用と通経作用を持ち、月経不順や更年期障害に使われます。

食用油の原料として「ベニバナ油」または「サフラワーオイル」が流通しています。

オススメ活用法

◆更年期にぴったり◆

ベニバナをベースにセージやクミスクチン、スギナとブレンドします。ホットフラッシュを抑え、衰え始める腎機能をサポートします。

Additionally

115

Hawthorn

ホーソン

心機能の低下や動悸、息切れなど、心臓にまつわる不安に。
効果はゆっくり、穏やかに現れます。

HERB DATA

学名………Crataegus monogyna
和名………セイヨウサンザシ
科名………バラ科
使用部位…葉部、花部、果実
作用適用…陽性変力作用、冠状血管や心筋の血行促進／心臓機能の低下、動機、息切れ、心臓部の圧迫感や重圧感
安全性……念のため小児への利用は注意が必要
実用例……ホーソンのハーブティー

イエスキリストの冠がホーソンだったという説があります。実は子孫繁栄や婚礼にも利用されていました。

真っ赤な実が特徴のホーソンは、欧米など北半球に自生しています。花や葉、実は心臓のポンプの動きを強化して、血流量を増加させ、抗酸化成分で血管そのものの働きを維持してくれます。

アルコールに漬けたホーソンのチンキ剤は、薬用酒としてもおいしくいただけます。効果がゆっくりと現れるので、長期的に使うことをおすすめします。

オススメ活用法

◆心臓の不安に◆

ホーソンはドライで入手可能なため、ハーブティーでも楽しめます。比較的癖もなく、お年寄りも続けやすいハーブです。

Milk thistle

ミルクシスル

聖母マリアにちなんだ学名を持ち、
肝臓病の予防と回復サポートを担うハーブです。

HERB DATA

学名 ……… Silybum marianum
和名 ……… マリアアザミ、オオアザミ
科名 ……… キク科
使用部位 … 種子
作用適用 … 抗酸化、細胞膜安定化、たんぱく合成促進／肝硬変、脂肪肝、薬物性肝炎
安全性 ……… 適正な用量・用法を守る
実用例 ……… サプリメント、ハーブティー

ピンクや紫に見える花をつけます。ハーブとしては種を用います。

フラボノイドの一種であるシリマリンが含まれ、古代ギリシア時代から肝臓病の治療で使われていたとされます。

肝臓を保護し、ダメージを受けた肝細胞のたんぱく合成を促進することで修復を促します。たばこやお酒が好きな方への肝臓予防に用いられます。

種をつぶしてハーブティーにしたり、炒って粉末状にしてクッキーづくりで使ってもよいでしょう。

オススメ活用法

◆ 肝臓病の予防と治療サポートに ◆

ミルクシスルはハーブティーで主に活用されます。種を煎ってつぶし、クッキーなどに混ぜ込むと苦味も気にならず、丸ごと摂り入れることができます。

Additionally

Yarrow

ヤロウ

・・・・・・・・・・・・・・・

風邪や胃腸の不調にはハーブティで。
傷や皮膚の炎症にはエッセンシャルオイルで。

HERB DATA

学名········· Achillea millefolium
和名········· セイヨウノコギリソウ
科名········· キク科
使用部位··· 地上部(とくに小頭花)
作用適用··· 消炎、止血、創傷治
癒、抗菌、収れん、鎮
静、鎮痙、健胃、利胆
／外傷、生理痛、胃炎、
消化不良、食欲不振
安全性······ 妊娠中の使用は避け
る、刺激は強め、てん
かん症発熱時は避け
る、小児利用は注意
が必要
実用例······ ヤロウ軟膏

ヤロウは日本では春先から夏前
にかけて、丈夫でたくさんの可
憐な花をつけます。

ヤロウの学名はギリシア神話のア
キレスが使った薬草に由来します。
近年、切り花として白と赤の花がよ
く出回るようになりました。傷を治
した伝承のとおり、消炎、止血、抗
菌作用を持ちます。また、胃炎や風
邪、食欲不振にも用いられます。

エッセンシャルオイルは「アズレ
ンブルー」といわれる青色です。美
容目的で、軟膏や植物油に希釈して
用いられます。

オススメ活用法

◆ 傷を治す軟膏(バーム) ◆

なかなか治らない傷やひびあかぎれ、
肌荒れに。ヤロウのエッセンシャルオイ
ルを作りたい量の1%未満で植物オイル
にあわせ、加熱し蜜蝋を溶かし固めます。

Raspberry leaf

ラズベリーリーフ

「安産のためのお茶」といわれるラズベリーリーフ。
ヨーロッパでは古くから助産婦が携帯していました。

HERB DATA

学名 ········· Rubus idaeus
和名 ········· ヨーロッパキイチゴ
科名 ········· バラ科
使用部位 ··· 葉部
作用適用 ··· 鎮静、鎮痙、収れん、美白／出産準備、生理痛、生理前症候群、口腔粘膜の炎症
安全性 ······ 念のため、妊娠中は後期に入ってから服用すること
実用例 ······ ラズベリーリーフのハーブティー

ラズベリーの葉を用います。ドライはふわふわした産毛を持つのでもこもこしています。

ノンカフェインということもあり、出産前の女性のために、お守りのように使われているハーブです。子宮や骨盤周辺の筋肉を調整する働きがあるので、出産準備や生理痛、生理前症候群にも効果があります。

ほかにも、扁桃炎や風邪、下痢に悩む人に処方されたり、外傷や結膜炎の人に外用として用いられます。

ドイツでは、薬剤師のいる薬局で、ハーブティーが販売されています。

オススメ活用法

◆ 出産準備のハーブティー ◆

妊娠後期、いよいよ出産が近づいたタイミングに用います。体の変化によるストレスも緩和できるように、ジャーマンカモミールなどと用いて。

Licorice

リコリス

和名の甘草のとおり、天然の甘味料として知られるリコリス。
甘さは砂糖の50倍ともいわれ伝統医療に使われます。

HERB DATA

学名………Glycyrrhiza glabra
和名………甘草(カンゾウ)
科名………マメ科
使用部位…根部およびストロン
　　　　　(ほふく枝)
作用適用…鎮咳、去痰、消炎、抗
　　　　　アレルギー、抗ウイル
　　　　　ス、エストロゲン作用、
　　　　　矯味／上気道カタル、
　　　　　風邪、胃・十二指腸潰瘍
安全性……過剰摂取、妊娠中は
　　　　　避ける。医療従事者
　　　　　の管理下以外に長期
　　　　　利用や多量の服用は
　　　　　しない
実用例……リコリスの
　　　　　ハーブティー

マメ科の植物で根を活用します。

古くから医療で用いられてきたリコリスは、喘息やのどの痛み、咳、胃腸障害で処方されます。近年の研究では抗ウイルス作用や免疫賦活作用も確認されました。

リコリスは副作用として、低カリウム血症や、高血圧が懸念されます。製剤としては危険性のないものが使われていますが、生薬やハーブを内服するときは必ず専門家の指導を仰ぎましょう。

オススメ活用法

◆ 咳、ノド風邪のハーブティー ◆

リコリスにエキナセア、エルダーフラワーをブレンドしたものを濃く出して飲みます。一日の上限量を超えないよう信頼できる専門家に相談しましょう。

Linden
リンデン

ドイツやフランスを代表する植物、リンデン。
旅人に休息をもたらし安らぎを与えた木と言われています。

HERB DATA

学名………Tilia europaea
和名………西洋菩提樹
科名………アオイ科
使用部位…花部、葉部
作用適用…発汗、利尿、鎮静、鎮痙、保湿／風邪、上気道カタル、高血圧、不眠、不安
安全性………適正な用量・用法を守る
実用例………リンデンのハーブティー

　高さ30mにもなる大きな木で、緑と黄色の可憐な花を一斉に咲かせます。

　ドイツで人気のリンデンは風邪や咳の処方に用いられています。発汗作用や、利尿作用もあります。エッセンシャルオイルに含まれるファルネソールという成分は心身の緊張をやわらげます。

　また、とろみのある粘液質を多く含み、肌を引きしめる収れん作用もあることから、チンキ剤を利用した化粧水など、美容用途でも活用できます。

オススメ活用法

◆おやすみ前に一杯◆

　よく眠れないときにはリンデンとジャーマンカモミールのハーブティーを。立ち上がる湯気をいっぱい吸い込んで、リラックスしましょう。

ハーブティーのおいしい組み

ローズヒップ　　**ハイビスカス**

 +

疲れたときに

定番の赤いお茶。ビタミンCとクエン酸で疲労回復にもおすすめです。

マルベリー　　**マテ**

 +

ダイエット中に

ダイエットサポートに。カフェインを含むのでお昼過ぎまでに飲みましょう。

ローズヒップ　　**ハイビスカス**　　**ヒース**

 +  +

日焼けに

美白のお茶、日常的に日焼けが気になる時期にぜひ。夜がおすすめです。

エキナセア　　**エルダーフラワー**　　**リンデン**

 +  +

風邪の季節に

風邪をひいたなと思ったときに。体温を上げ、免疫力を高めます。

ミント　　**レモングラス**　　**ジャーマンカモミール**

 +  +

胃腸の疲れに

胃腸疲れと過敏性腸症候群対策に。胃をすっきりさせるブレンドです。

合わせ

暮らしに役立つハーブティーの組み合わせを紹介していきます。求める効能と合わせて味や香りを楽しみましょう。

アーティチョーク + **レモンバーベナ** + **ルイボス**

肝臓の疲れに

お酒やたばこが好きな人、肝臓の疲れが気になる人に。

アンジェリカ + **エゾウコギ** + **セントジョーンズワート**

心のモヤモヤに

気分の落ち込みや疲労に。五月病対策にもおすすめのブレンドです。

ネトル + **エルダーフラワー** + **ミント**

花粉症に

花粉症の季節に。アトピーやアレルギーの体質改善にも効果が期待できます。

クミスクチン + **スギナ** + **エキナセア**

尿のトラブルに

膀胱炎や尿道炎に。クミスクチンとスギナで利尿作用を促します。

ジャーマンカモミール + **オレンジフラワー** + **パッションフラワー**

眠れない夜に

寝付けない夜や不眠症対策に。緊張をほぐして眠りに導きます。

ハーブソープの作り方

【 カレンデュラとローレルとローズマリーのハーブソープ 】

■準備するもの

- グリセリンソープ（MPソープ）
- 紙コップまたは耐熱容器
- 竹串
- ドライハーブ…少量
  どんなハーブでも入れることができますが、変色しにくいハーブとしてカレンデュラ・ローレル・ローズマリーなどがおススメです。
- エッセンシャルオイル…適量
  香りを付けたくない場合は不要

【 1 】

MPソープの素を必要量、細かく刻み、紙コップまたは耐熱容器に入れます。使いたいエッセンシャルオイルがあれば、MPソープの素の約1%を上限に入れます。

例：MPソープの素が100gの場合、エッセンシャルオイルは1g＝20滴（1滴を0.05mLとして計算する…本来、gとmLはイコールにならないので必要以上に多くならないように注意すること）

【 2 】

電子レンジに入れ、加熱します。泡立たないように溶かすことがポイントです。

使いやすいグリセリンソープ（MPソープ）を用いて、簡単で安全に楽しめるハーブソープの作り方を紹介します。

【3】

泡立たないようかき混ぜて溶けたら静かにソープの素とエッセンシャルオイルを均一にします。容器にまず少量流し入れ、固めましょう。

【4】

【3】の上に入れたいハーブを入れ、再度溶かしたソープの素を流し込み、固まるまで待ちます。

【5】

固まったら容器から取り出します。牛乳パックの場合は、カッターなどで解体するときれいに取り出せます。

苛性ソーダを使って作るCP法の石鹸作りでは、さらにハーブの効能を取り入れることができます。手作り石けん教室などで、ぜひ安全に体験してみてくださいね。

50音さくいん

■著者紹介
すずき ちえこ
1973年生まれ、神奈川県在住。ハーブプランナー。幼少期より園芸が好きで職について体調をくずしたことをきっかけに手作り石けんやハーブの勉強を本格的に始め、AEAJ日本アロマ環境協会アロマテラピー検定1級やJAMHA日本メディカルハーブ協会ハーバルセラピストを取得。現在は、ハーブや手作り石けんの教室『R handmadesoap』主催している。書籍・雑誌やwebコンテンツにて取材協力、写真提供などを行っている。
http://www.r-handmadesoap.com/

■スタッフ
　編集・構成／造事務所
　ブックデザイン／八月朔日英子
　イラスト・写真／すずきちえこ、Shutterstock、写真AC、清水孝之
　図・DTP／越海辰夫

■参考文献
『聖ヒルデガルトの医学と自然学』ヒルデガルト・フォン・ビンゲン著、プリシラ・トループ英語版翻訳、井村宏次監訳（ビイング・ネット・プレス）／『メディカルハーブの事典改訂新版』林真一郎編（東京堂出版）／『メディカルハーブとアロマテラピーに強くなる！ハーブと精油の基本事典』林真一郎著（池田書店）／『日本のメディカルハーブ事典』村上志緒編（東京堂出版）／『ハーブティー　その癒しのサイエンス』長島司著（フレグランスジャーナル社）／『ビジュアルガイド　精油の化学　イラストで学ぶエッセンシャルオイルのサイエンス』長島司著（フレグランスジャーナル社）、『ハーブの写真図鑑　オールカラー世界のハーブ700』レスリー・ブレムネス（日本ヴォーグ社）

暮らしに役立つ
はじめてのハーブ手帖

発行日　2020年9月16日　初版第1刷発行

著　　　者　すずきちえこ
発　行　人　磯田肇
発　行　所　株式会社メディアパル
　　　　　　〒162-8710
　　　　　　東京都新宿区東五軒町6-24
　　　　　　TEL. 03-5261-1171　FAX. 03-3235-4645

印刷・製本　株式会社光邦

ISBN978-4-8021-1046-4　C0077
©Chieko Suzuki, ZOU JIMUSHO 2020, Printed in Japan